Rapella Lucia

FUNZIONI

Appunti per studenti

della scuola secondaria

di secondo grado

FUNZIONI

Appunti per studenti della scuola secondaria di secondo grado

Autore: Lucia Rapella

Versione 1.02

ISBN 978-1-44578-101-3

Nota sull'autore:

Lucia Rapella è docente
di matematica dal 2001.
Attualmente insegna Matematica
presso l'IIS Saraceno Romegialli
di Morbegno (SO).

Ai miei figli,
avevo scritto per loro.

Prefazione

Si potrebbero usare le funzioni come argomento introduttivo a un corso di algebra.

Solitamente, a causa del livello di astrazione che si deve utilizzare, si preferisce introdurre le funzioni al terzo o quarto anno delle superiori, quando è necessario servirsene.

Anche gli studenti più grandi incontrano, però, una certa difficoltà, spesso derivante dalla necessità di introdurre in abbondanza nuovi termini. Dunque il primo consiglio per studiare le funzioni è quello di imparare con precisione il significato dei nuovi termini.

Spesso dietro questi nuovi termini si nascondono concetti già noti; scopriremo che le nuove richieste spesso non sono altro che operazioni e calcoli che già utilizziamo.

Per comprendere meglio la parte teorica e per fissare meglio le nuove definizioni sono stati inseriti numerosi esempi ed esercizi svolti (sono più di 140). Sono inoltre presenti complessivamente più di 300 esercizi da svolgere.

L'argomento è propedeutico al calcolo differenziale. Infatti tutte le funzioni utilizzate forniranno a loro volta esempi per comprendere meglio l'analisi matematica.

Lucia Rapella

Il mio indirizzo email è:
prof.rapella@gmail.com

Il sito corrispondente a questo volume è:
https://sites.google.com/view/profrapella/funzioni

Il sito completo è:
https://sites.google.com/site/profrapella/

e il corrispondente canale youtube
(purtroppo non perfettamente aggiornato):
https://www.youtube.com/channel/UCNPAcTFvlDDKVsY0RsNPOjQ

ALTRI TESTI DELL'AUTORE edizioni *Lulu*

Calcolo differenziale   anno 2022

FUNZIONI

Capitolo F1 – Definizione, rappresentazione ed esempi

F11–I concetti base

F11-1-Introduzione

Il concetto di funzione è cruciale in matematica. Si potrebbe partire dalle funzioni per sviluppare tutto un percorso dello studio della matematica.

Nella maggior parte dei casi si preferisce però aspettare per un'introduzione formale del concetto quando gli studenti possiedono un bagaglio di conoscenze ampio per poter apprezzare l'utilizzo di tale importantissimo strumento.

Alcuni pertanto avranno già usato le funzioni in molte occasioni, senza chiamarle così.

Sono funzioni

- le rette
- la parabola $y=ax^2+bx+c$
- la funzione omografica $y=\dfrac{ax+b}{cx+d}$, particolare iperbole con gli asintoti paralleli agli assi cartesiani, introdotta durante lo studio delle coniche in geometria analitica
- le funzioni goniometriche $y=\text{sen}(x)$, $y=\cos(x)$, $y=\tan(x)$ e le loro inverse
- le esponenziali $y=a^x$ e le logaritmiche $y=\log_a x$

Anche le trasformazioni geometriche del piano possono essere considerate delle funzioni, ma con qualche differenza rispetto a quelle elencate in precedenza.

Abbiamo perciò a disposizione numerosi esempi, che saranno di grande aiuto per comprendere la parte teorica. Studiare bene e capire a fondo funzioni e loro proprietà è anche il primo e fondamentale passo per comprendere l'analisi.

F11-2-Definizione formale di funzione

Consideriamo due insiemi A e B. Chiamiamo A 'insieme di partenza' e B 'insieme di arrivo'.

Consideriamo una 'legge' (o relazione) che associa un elemento di A a uno o più elementi di B. Una relazione si dice funzione se a ogni elemento di A viene associato un solo elemento di B.

Dunque:

Definizione

Dati A, insieme di partenza, e B, insieme di arrivo, si dice funzione f da A a B una relazione che ad ogni x $\in$ A associa uno e un solo elemento y $\in$ B.

In simboli si indica con:

$$f : A \rightarrow B$$
$$x \mapsto y$$

Possiamo fare anche una rappresentazione grafica delle funzioni tramite gli insiemi:

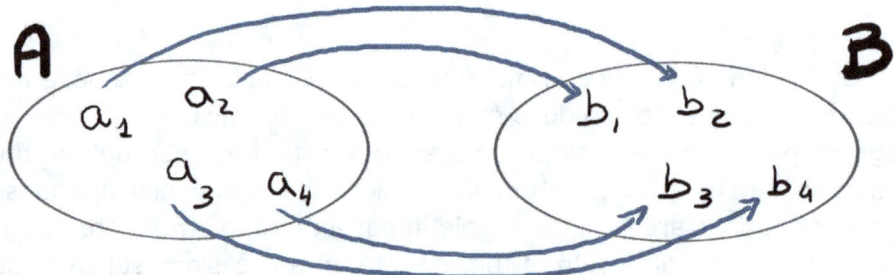

Nella rappresentazione osserviamo l'insieme A composta da 4 elementi: a_1, a_2, a_3, a_4 e l'insieme B composto dagli elementi b_1, b_2, b_3, b_4.

La funzione f è descritta dalle frecce che collegano gli elementi di A con gli elementi di B.

Esempio 1

Sia A l'insieme di tutti i bambini vissuti su questa terra.

Sia B l'insieme di tutte le donne vissute su questa terra.

Definiamo la relazione f come la relazione che associa a ogni bimbo la sua mamma: f è una funzione, perché a ogni elemento dell'insieme A è associato uno (ogni bimbo ha la sua mamma) e un solo (di mamma ce n'è una sola) elemento dell'insieme B. Non importa se non tutte le donne sono mamme; non importa se ci sono più bambini associati alla stessa mamma (fratelli).

Esempio 2

Sia A l'insieme di tutte le mamme.

Sia B l'insieme di tutti i bambini.

Definiamo la relazione f come la relazione che associa a ogni mamma il suo bimbo: f non è una funzione, perché ci sono elementi dell'insieme A a cui sono associati più elementi dell'insieme B (nel caso di mamme con più di un figlio).

Esempio 3

Sia A l'insieme di tutte le donne.

Sia B l'insieme di tutti i figli primogeniti.

Definiamo la relazione f come la relazione che associa a ogni donna il suo figlio primogenito: f non è una funzione, perché ci sono elementi dell'insieme A a cui non è associato nessun elemento dell'insieme B (nel caso di donne senza figli).

Nei prossimi esempi utilizzeremo la rappresentazione tramite insiemi delle funzioni; l'elemento del disegno che identifica la funzione è l'insieme delle frecce, che evidenzia la relazione tra elementi dell'insieme di partenza ed elementi dell'insieme di arrivo.

Esempio 4

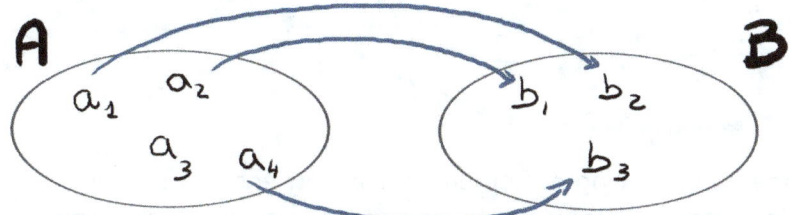

L'applicazione descritta nella rappresentazione non è una funzione: infatti l'elemento a_3 non ha un corrispondente nell'insieme B.

Esempio 5

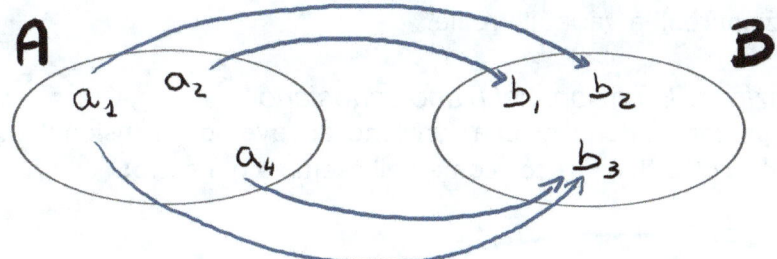

Anche questa applicazione non è una funzione perché l'elemento a_1 non ha un unico corrispondente.

Esempio 6

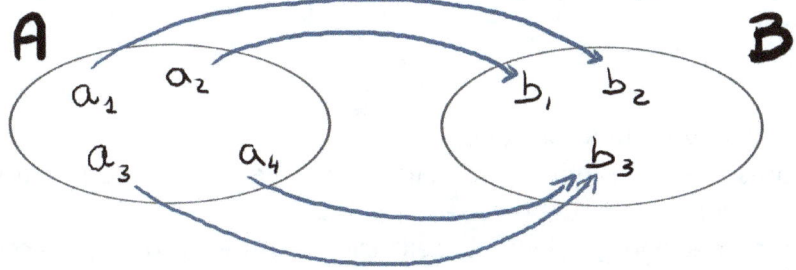

Questa è una funzione; infatti a ogni elemento di A corrisponde uno e un solo elemento di B. Non importa se gli elementi a_3 e a_4 hanno lo stesso corrispondente.

Esempio 7

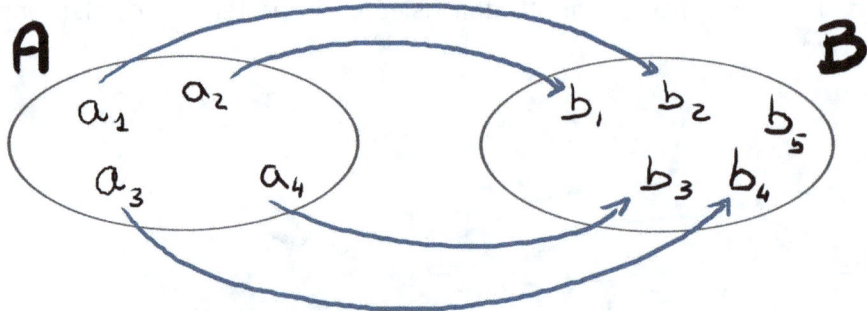

Questa è una funzione; infatti a ogni elemento di A corrisponde uno e un solo elemento di B. Non importa se l'elemento b_5 non viene messo in corrispondenza con nessun elemento di A.

Le funzioni si possono applicare agli insiemi più svariati; dopo questa introduzione utilizzeremo funzioni numeriche, cioè con insieme di partenza e insieme di arrivo che sono insiemi numerici. In particolare ci interessano le funzioni $f : \mathbb{R} \rightarrow \mathbb{R}$, che si chiamano funzioni reali a variabile reale.

F11-3-Rappresentazione di funzioni nel piano cartesiano
Abbiamo visto la rappresentazione di una funzione attraverso gli insiemi, dove l'applicazione viene descritta dalle frecce come nell'esempio qui sotto:

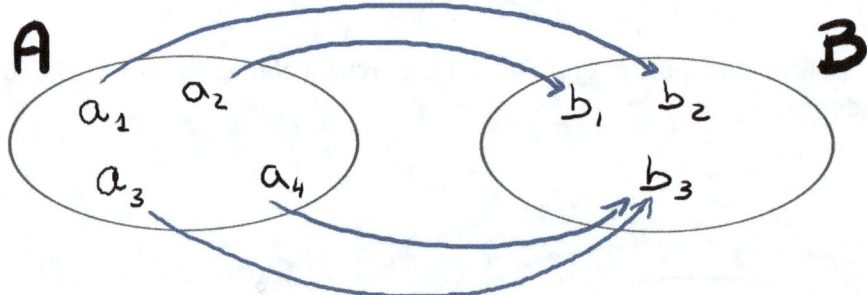

Ci sono altri modi per descrivere una funzione.
Per esempio la rappresentazione nel piano cartesiano. Vediamolo come fare questa rappresentazione con l'esempio precedente.
Sull'asse delle ascisse si mettono gli elementi dell'insieme di partenza e sull'asse delle ordinate gli elementi dell'insieme di arrivo. L'esistenza di una corrispondenza tra un elemento dell'insieme di partenza e un elemento dell'insieme di arrivo viene segnata da un puntino.

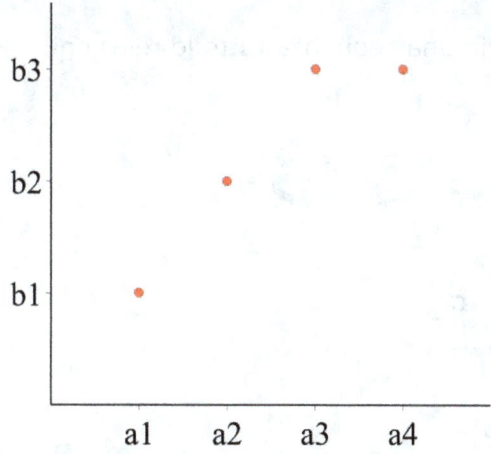

Anche in questo caso si può osservare graficamente se una "manciata" di puntini rappresentino oppure no una funzione. Si tratta di una funzione se ogni retta verticale posta in corrispondenza di ogni valore delle ascisse incontra un unico punto.

Per esempio la seguente non è la rappresentazione di una funzione.

Questa immagine descrive comunque una corrispondenza tra insiemi, che prende il nome più generico di relazione.

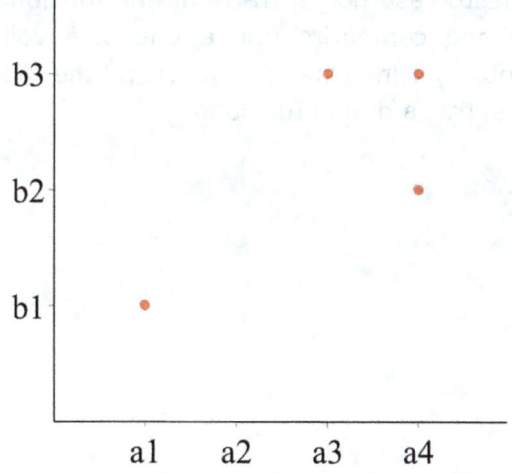

Naturalmente la rappresentazione delle funzioni nel piano cartesiano non è una novità. Nelle funzioni reali di variabile reali che alcuni conoscono già e che studieremo a breve, si adotta questo tipo di rappresentazione. Invece che una rappresentazione a puntini, nel caso di funzioni reali di variabile reale, avremo una linea continua. Pensiamo per esempio alla retta e alla parabola, di cui si può fare una rappresentazione grafica nel piano cartesiano.

F11-4-Rappresentazione analitica

Nella rappresentazione analitica si indicano in una sequenza tutte le relazioni.
Ad esempio la funzione

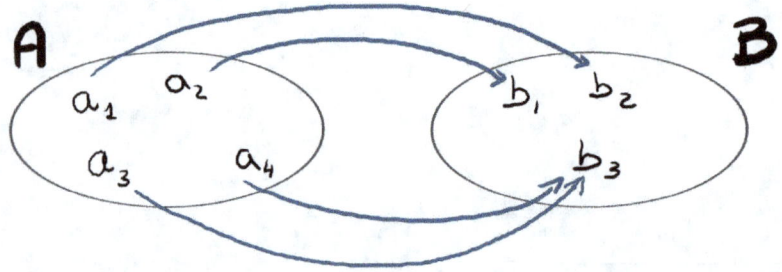

può essere rappresentata analiticamente in questa maniera.

$$f:A \to B$$
$$a_1 \mapsto b_1$$
$$a_2 \mapsto b_2$$
$$a_3 \mapsto b_3$$
$$a_4 \mapsto b_3$$

Per capire se una relazione scritta in modo analitico rappresenta una funzione bisogna guardare gli elementi dell'insieme di partenza e vedere se ne esiste qualcuno che viene citato due volte. In questo caso non si tratta di una funzione. Gli elementi dell'insieme di partenza devono comparire una e una sola volta nell'elenco. Anche se esiste un elemento dell'insieme di partenza che non compare in una delle corrispondenze, non si tratta di una funzione.

Per esempio la seguente non è una funzione:

$$f:A \to B$$
$$a_1 \mapsto b_1$$
$$a_2 \mapsto b_2$$
$$a_3 \mapsto b_3$$
$$a_4 \mapsto b_3$$
$$a_3 \mapsto b_1$$
$$a_4 \mapsto b_1$$

Ovviamente questa descrizione è fattibile con un piccolo numero di elementi.
Con un insieme di partenza formato da un numero infinito di elementi una descrizione del genere è fattibile solo se c'è una formula che descrive tutte o la maggior parte delle relazioni. Nelle funzioni reali come la retta e la parabola, o altre che si potrebbero conoscere la formula è proprio l'equazione della curva.
Se si inventa un'equazione nelle incognite x e y, sotto opportune condizioni potremmo avere una funzione, indicando con x il generico elemento dell'insieme di partenza e con y il generico elemento dell'insieme di arrivo. Di sicuro si tratta di una funzione se si mette a primo membro y e a secondo membro

un'espressione che contiene l'incognita x.

Per esempio $y = \dfrac{2x^2 - 1}{x^2 + 2}$ è una funzione; infatti possiamo essere sicuri che a un

valore di x corrisponde un solo valore di y.

Invece l'equazione $y^2 = 2x + 1$ non rappresenta una funzione perché assegnato un valore alla x, la y assume due possibili valori.

Le funzioni che hanno come insieme di partenza e di arrivo insiemi numerici sono le più interessanti in matematica e quelle con cui potremo lavorare con gli strumenti che già conosciamo. Le introdurremo nel prossimo capitolo continuando a occuparcene nei successivi.

F11-5-Esercizi
Indica quali delle seguenti relazioni rappresentano una funzione

1.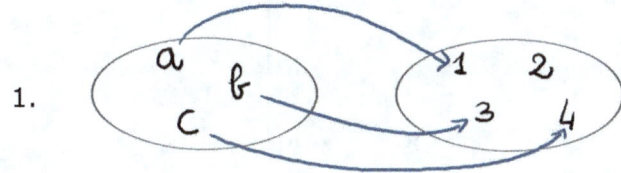

2.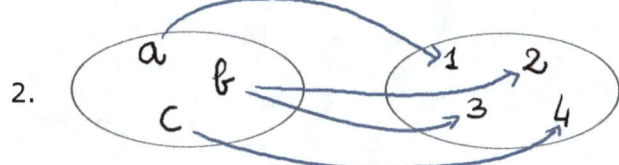

3.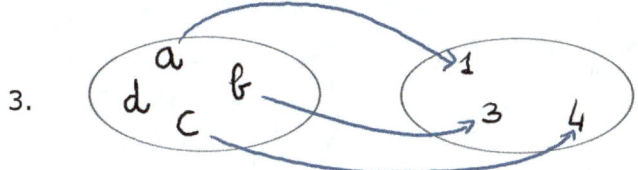

4.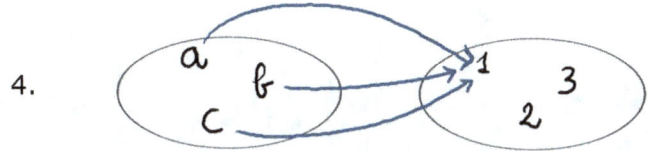

5.

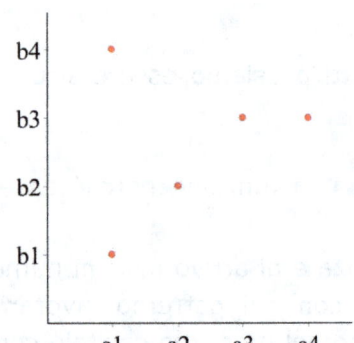

6.

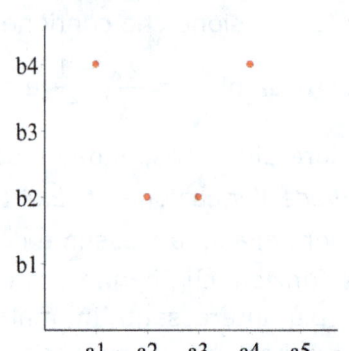

7.

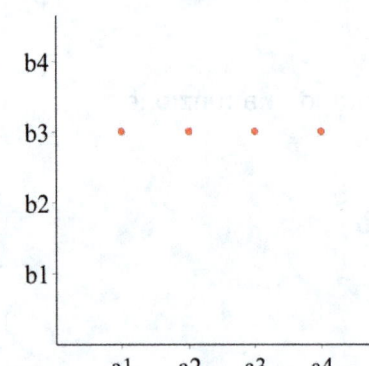

8.

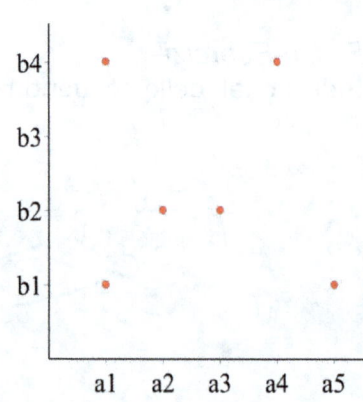

9.

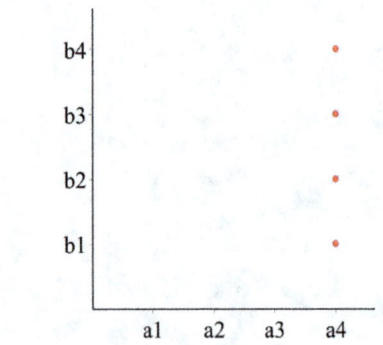

10.

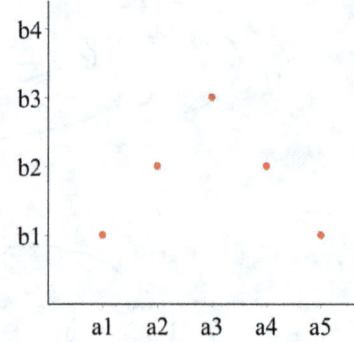

11.

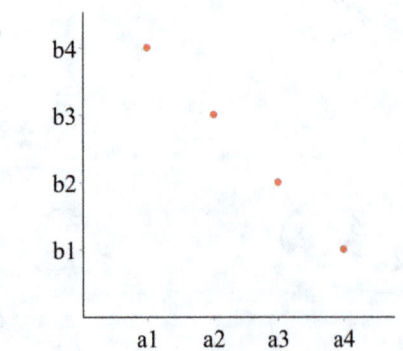

12.

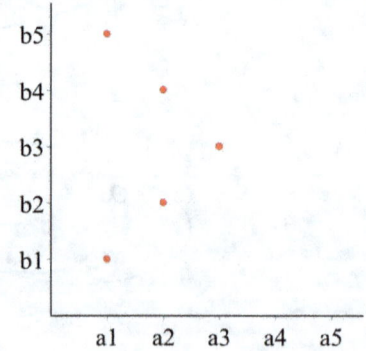

Indica quali delle seguenti relazioni rappresentano una funzione sapendo che l'insieme di partenza è $A=\{a_1,a_2,a_3,a_4\}$ e l'insieme di arrivo è $B=\{b_1,b_2,b_3,b_4\}$.

13.
$$f:A \rightarrow B$$
$$a_1 \mapsto b_1$$
$$a_2 \mapsto b_2$$
$$a_3 \mapsto b_3$$
$$a_4 \mapsto b_3$$

14.
$$f:A \rightarrow B$$
$$a_1 \mapsto b_1$$
$$a_2 \mapsto b_2$$
$$a_3 \mapsto b_3$$
$$a_3 \mapsto b_4$$

15.
$$f:A \rightarrow B$$
$$a_1 \mapsto b_3$$
$$a_2 \mapsto b_3$$
$$a_3 \mapsto b_3$$
$$a_4 \mapsto b_3$$

16.
$$f:A \rightarrow B$$
$$a_1 \mapsto b_1$$
$$a_1 \mapsto b_2$$
$$a_3 \mapsto b_3$$
$$a_4 \mapsto b_3$$

Indica quali delle seguenti relazioni rappresentano una funzione sapendo che l'insieme di partenza e l'insieme di arrivo sono entrambi $\{-2,-1,0,1,2,3\}$.

17.
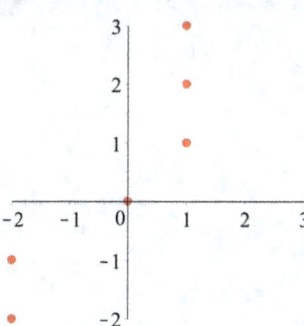

18.
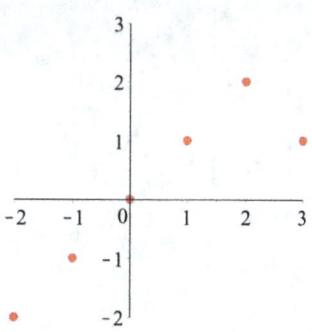

19.
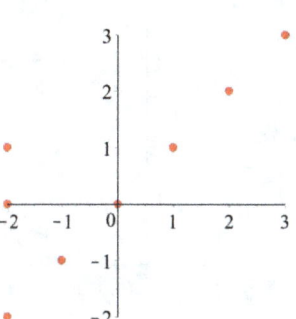

20.
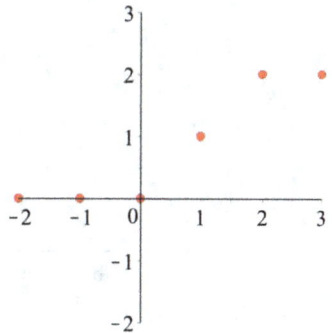

13

Indica quali delle seguenti relazioni rappresentano una funzione sapendo che l'insieme di partenza è $A=\{a,b,c,d\}$ e l'insieme di arrivo è $B=\{1,2,3,4\}$.

21.
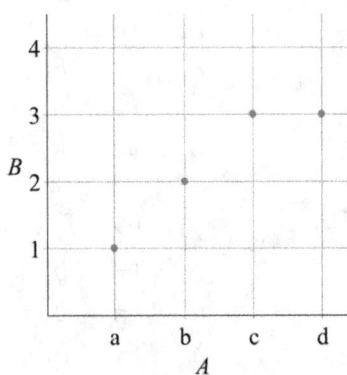

22.
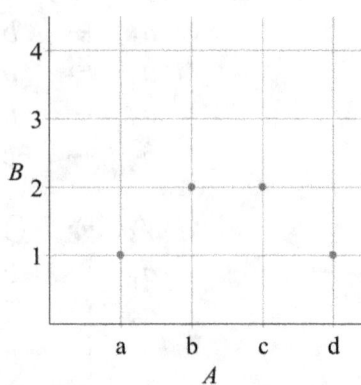

23.
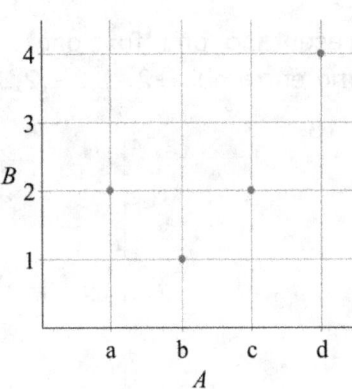

24.
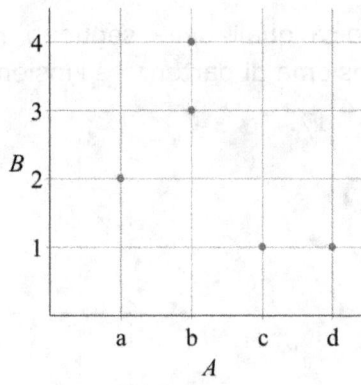

25.
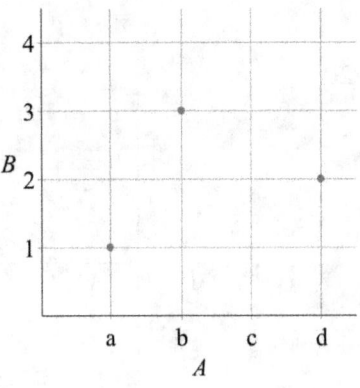

26.
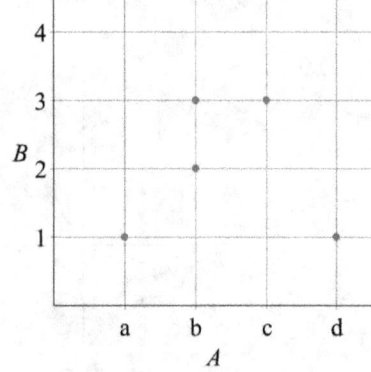

F12–Funzioni numeriche

F12-1-Generalità

Se insieme di partenza e di arrivo sono insiemi numerici, la funzione si dice numerica. Se si tratta di insiemi numerici finiti possono essere utilizzate le descrizioni precedenti.

Invece con un insieme di partenza composto da un numero infinito di elementi è necessario descrivere in modo compatto la funzione mediante una formula che lega l'elemento dell'insieme di arrivo con l'elemento dell'insieme di partenza.

Per esempio la funzione che lega un numero naturale al suo doppio è $n \mapsto 2n$.

Studieremo principalmente le funzioni con insieme di partenza $\mathbb{R}$ o un suo sottoinsieme e insieme di arrivo $\mathbb{R}$, che vengono chiamate **funzioni reali di variabile reale**.

Come già preannunciato nel paragrafo precedente, se si inventa un'equazione nelle incognite x e y, sotto opportune condizioni, potremmo avere una funzione. Considerato x il generico elemento dell'insieme di partenza ed y il generico elemento dell'insieme di arrivo,

$y=4x-2y+7$ è una funzione

$2x^2-y^2+1=0$ non è una funzione.

Come si fa a distinguere quale equazione rappresenta una funzione e quale no? Ovviamente applicando la definizione di funzione. Se sostituendo ciascun valore dell'insieme di partenza a x otteniamo un unico valore per la y, si tratta di una funzione, altrimenti no.

È ovvio che non è possibile fare la prova con tutti gli elementi appartenenti all'insieme di partenza, a meno che l'insieme di partenza non sia formato da un numero finito di elementi.

Per provare che una certa equazione rappresenta una funzione, conviene esplicitare la y, in modo da vedere se si ottengono uno più valori in dipendenza da x.

Riprendendo gli esempi precedenti:

$y=4x-2y+7$ è una funzione perché, esplicitando la y, $3y=4x+7$ $\qquad y=\dfrac{4}{3}x+\dfrac{7}{3}$

a una x corrisponde una sola y.

$2x^2-y^2+1=0$ non è una funzione perché esplicitando la y, $2x^2+1=y^2$ $\quad y=\pm\sqrt{2x^2+1}$ dunque per ogni valore di x inserito si ottengono due valori di y.

Quando si esplicita la y, si dice anche che si esprime y "in funzione di" x. Si indica pertanto in modo generico con la scrittura $y=f(x)$. In generale si troverà l'equazione di una funzione già impostata con y a primo membro e a secondo membro un'espressione contenente x.

La funzione $y=2x^3-4x$ può anche essere scritta come $f(x)=2x^3-4x$.

Per trovare il valore di y che corrisponde a $x=2$ si può scrivere $f(2)$. Trovare $f(2)$ equivale a sostituire 2 a x nella $y=2x^3-4x$ e trovare y. In questo caso $y=8$.

Quando si chiede di trovare il valore di una funzione in 2 significa che bisogna calcolare $f(2)$. Trovare il valore significa trovare la corrispondente y.

F12-2-Funzioni reali

Nelle funzioni reali a variabile reale, per convenzione, si chiama x ogni elemento dell'insieme di partenza e y ogni elemento dell'insieme di arrivo.

Si indicano con questa simbologia:

$$f: \mathbb{R} \rightarrow \mathbb{R}$$
$$x \mapsto y=f(x)$$

Esempio

Ci sono vari modi per scrivere una funzione. Consideriamo la funzione che lega un numero al doppio del suo cubo e scriviamola in tutti i modi possibili:

$$f: \mathbb{R} \rightarrow \mathbb{R}$$
$$x \mapsto 2x^3$$

Si può scrivere più brevemente $y=2x^3$, notazione già utilizzata, oppure $f(x)=2x^3$.

y e $f(x)$ sono intercambiabili nella scrittura. Con $y=f(x)$ si intende dire che esiste un insieme di operazioni indicata con f, che agisce su qualunque oggetto dell'insieme di partenza alla stessa maniera.

Nella funzione $f(x)=2x^3+x-4$, si fa il cubo dell'elemento dell'insieme di partenza, si raddoppia il risultato e a quanto ottenuto si aggiunge l'elemento stesso e si toglie 4.

$f(3)=2\cdot3^3+3-4=53$ cioè al posto di x in $f(x)=2x^3+x-4$ si mette il numero 3.

Potremmo estendere quest'idea e dare significato anche a $f(a)$ o $f(x^2+1)$:

Per $f(a)$ al posto di x in $f(x)=2x^3+x-4$ si mette a: $f(a)=2a^3+a-4$

Per $f(x^2+1)$ al posto di x in $f(x)=2x^3+x-4$ si mette x^2+1:

$f(x^2+1)=2(x^2+1)^3+x^2+1-4=2(x^6+3x^4+3x^2+1)+x^2-3=2x^6+6x^4+7x^2-1$.

Le funzioni reali di variabile reale possono essere rappresentate graficamente sul piano cartesiano.

La rappresentazione grafica in questi casi sarà formata da una curva.

Vedremo in dettaglio rappresentazioni grafiche delle funzioni più importanti.

Attenzione però che non tutte le curve disegnabili corrispondono a una funzione.

Infatti tenendo presente la definizione di funzione, potremmo avere rappresentazioni grafiche di funzioni solo quando a una x corrisponde una e una sola y. Dunque se nel piano cartesiano in cui c'è la rappresentazione grafica di una funzione facessimo scorrere una retta verticale lungo tutto il piano cartesiano, essa dovrebbe intercettare una e una volta sola il grafico della funzione.

Per esempio la prima curva disegnata qui sotto è una funzione, mentre la seconda no.

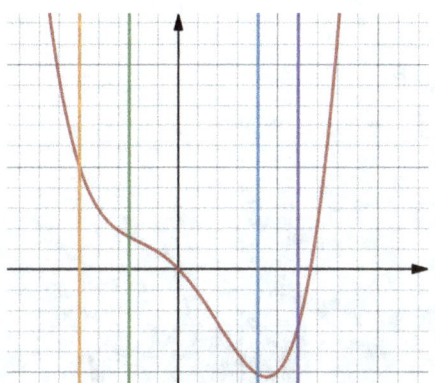 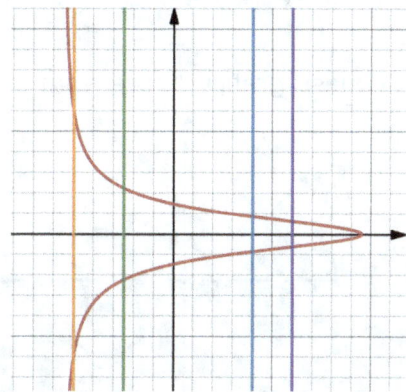

E' una funzione la parabola $y=x^2$, ma non è una funzione la parabola $x=y^2$. Infatti se osserviamo la rappresentazione grafica di entrambe, in $y=x^2$ a ogni x corrisponde una e una sola y, mentre nella parabola $x=y^2$ a una x corrispondono 2 y, oppure una (nel vertice) oppure nessuna.

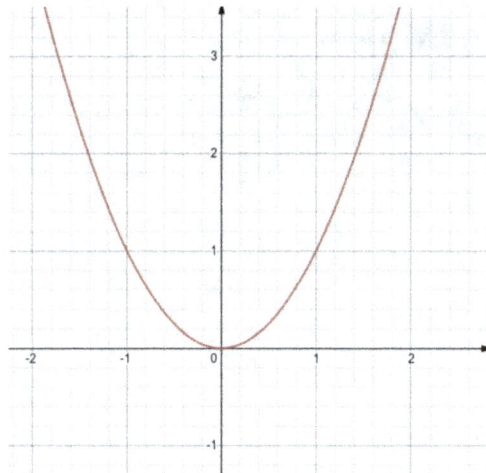 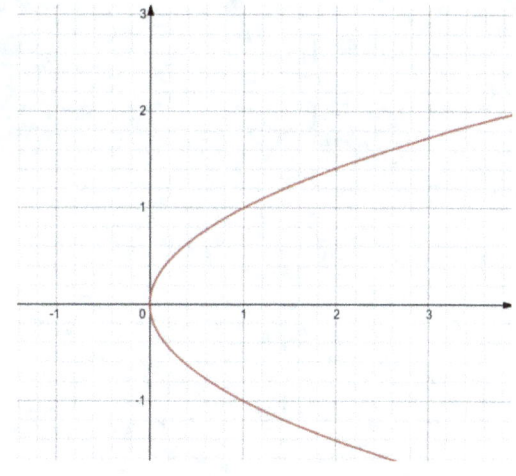

Se non ci si fa impressionare dal nuovo linguaggio ci si accorge che le funzioni sono già state utilizzate e manipolate nel corso degli studi. Si tratterà di generalizzare metodi e procedimenti, che osserveremo su esempi noti, per usarli su tutte le funzioni.

F12-3-Esercizi

Quali di queste equazioni rappresenta una funzione?

27. $2x+y=3x+2$
28. $x^2+2y+4=x$
29. $2^x+2y-1=0$
30. $2x+y^2-x^2=x+y$
31. $xy+y^2+x=0$

Quali di questi grafici rappresenta una funzione?

32.
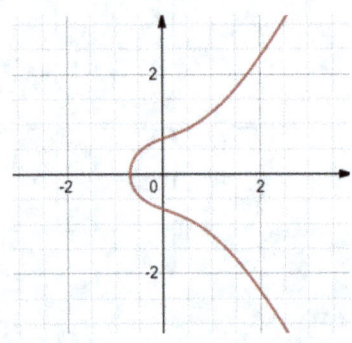

33.
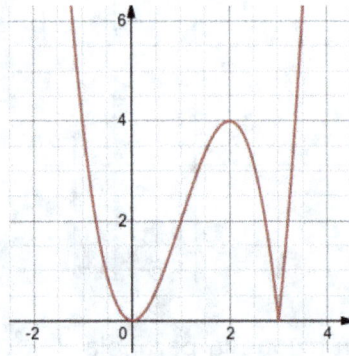

34.
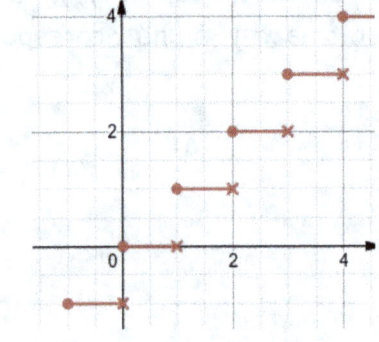

35.
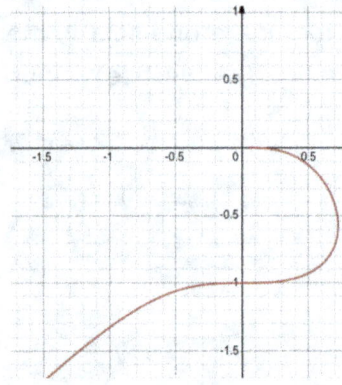

36.
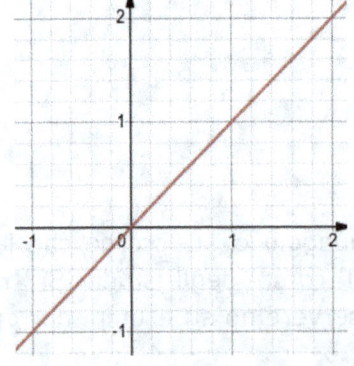

37.
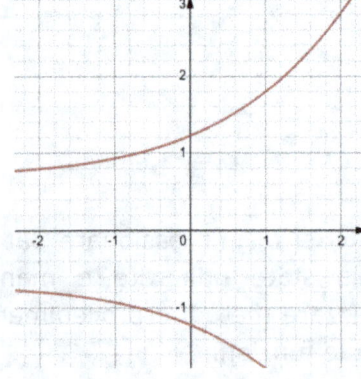

38.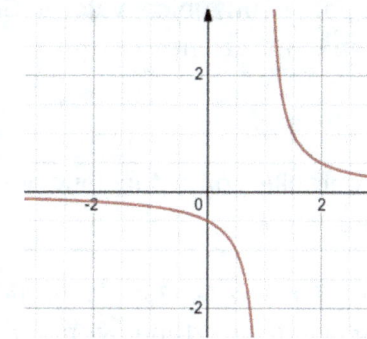

39.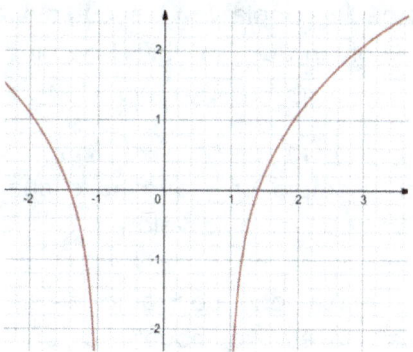

F12-4-Altre funzioni numeriche

In questo paragrafo accenniamo ad alcune funzioni numeriche aventi insiemi di partenza e di arrivo particolari.

Consideriamo come insieme di partenza il prodotto cartesiano $\mathbb{R}\times\mathbb{R}$ che si scrive anche $\mathbb{R}^2$.

Dunque un elemento dell'insieme di partenza può essere un punto del piano cartesiano a cui corrisponde un unico valore.

Una funzione che ha come insieme di partenza $\mathbb{R}^2$ potrà essere descritta da un'espressione che contiene due incognite. Questa espressione fornirà un unico risultato.

Per esempio $z=2x+y^2$. In essa alla coppia (x,y) corrisponde un valore z. Possiamo pertanto immaginare una rappresentazione grafica in tre dimensioni dove a un punto del piano corrisponde una quota z.

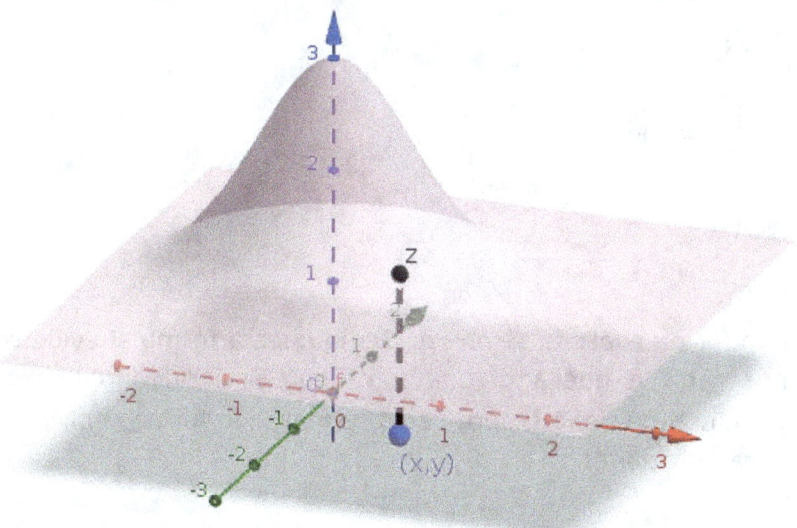

Le funzioni in $\mathbb{R}^2$ possono essere indicate anche come $y=f(x,y)$. Si tratta di funzioni che richiedono in input due valori, che però sono un oggetto solo pensati come la coppia *(x,y)* a cui ovviamente corrisponde un unico valore. Si dicono funzioni in due variabili. Sono indicate anche con la notazione

$$f : \mathbb{R}^2 \rightarrow \mathbb{R}$$
$$(x,y) \mapsto z = f(x,y)$$

Per esempio un piano nello spazio è rappresentabile come funzione lineare del piano cartesiano a valori in $\mathbb{R}$.

Per estensione possiamo pensare di costruire funzioni a 3,4...n variabili, che possono essere modello di un fenomeno in cui bisogna tener conto di 3,4...n variabili in gioco.

Le trasformazioni geometriche invece sono funzioni che hanno come insiemi di partenza e di arrivo il piano cartesiano, pertanto le possiamo definire come $f : \mathbb{R}^2 \rightarrow \mathbb{R}^2$. Le matrici sono un modo comodo con cui rappresentare tali funzioni, ma non approfondiremo il discorso in questo testo. Descriviamo solo brevemente questo tipo di funzioni. Un elemento dell'insieme di partenza è la coppia *(x,y)*; l'elemento dell'insieme di arrivo è ancora una coppia, indicata con *(x',y')*.

Una generica trasformazione geometrica è indicata con:

$$f : \mathbb{R}^2 \rightarrow \mathbb{R}^2$$
$$(x,y) \mapsto \begin{cases} x' = ax + by + e \\ y' = cx + dy + f \end{cases}$$

Esempio

Per esempio la traslazione di un vettore $v = (v_x, v_y)$ è rappresentata da:

$$f : \mathbb{R}^2 \rightarrow \mathbb{R}^2$$
$$(x,y) \mapsto \begin{cases} x' = x + v_x \\ y' = y + v_y \end{cases}$$

F13–Funzioni note

F13-1-Retta

Consideriamo la retta in forma esplicita $y = mx + q$. Già in questa forma si evidenzia che l'equazione di una retta è quella di una funzione. Si escludono le rette verticali del tipo $x = k$, che non possono essere neppure messe in forma esplicita. Trascriviamola con l'altra notazione:

$$f : \mathbb{R} \rightarrow \mathbb{R}$$
$$x \mapsto mx + q$$

a x viene associato un unico valore corrispondente che si ottiene moltiplicando x per m e poi aggiungendo q.

Esempio

$y=2x+1$ nel grafico a fianco.

Tutti i numeri $x \in \mathbb{R}$ fanno parte dell'insieme di partenza.

Tutti i numeri $y \in \mathbb{R}$ fanno parte dell'insieme di arrivo.

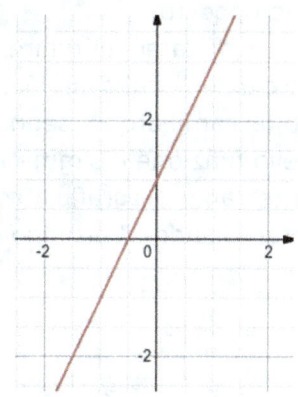

F13-2-Parabola

La parabola con asse parallelo all'asse y ha equazione $y=ax^2+bx+c$.

Trascritta nella notazione propria delle funzioni:

$$f : \mathbb{R} \;\to\; \mathbb{R}$$
$$x \;\mapsto\; ax^2+bx+c$$

Osserviamo che per la retta, fissato un valore di y, esiste un unico valore x a cui corrisponde quella y.

Invece per la parabola, fissata una y, può succedere che le x che corrispondono a questa y siano 2, oppure 1 (in corrispondenza del vertice), oppure nessuna.

Esempio: $y=x^2-x-2$.

Tutti i numeri $x \in \mathbb{R}$ fanno parte dell'insieme di partenza.

L'insieme di arrivo è ancora $\mathbb{R}$, ma non tutti gli elementi dell'insieme di arrivo sono calcolabili mediante la funzione f.

L'insieme di tutte le y utilizzate per disegnare la funzione è un sottoinsieme di $\mathbb{R}$; in questo esempio sono tutte le $y \geq y_V$.

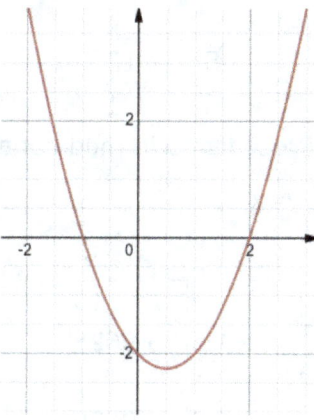

F13-3-Potenze di x

Può darsi che nel corso di studi non ci si sia soffermati sulle equazioni $y=x^n$ con n naturale, ma di sicuro le potenze di un numero reale sono continuamente manipolate.

Ci soffermiamo pertanto sul grafico delle funzioni $f(x)=x^n$ con n naturale che rivestiranno una notevole importanza anche in seguito.

Sono già note le funzioni per $n=0,1,2$ che sono rispettivamente $y=1$ $y=x$ $y=x^2$.

Partiamo dunque a studiare $y=x^3$.

Sappiamo che il cubo di un numero positivo è un numero positivo e il cubo di un numero negativo è un numero negativo e in particolare è l'opposto del cubo del suo opposto.

Per non farsi fuorviare da quelli che sembrano giri di parole, se per esempio facciamo il cubo di -5 otteniamo -125, che è 5^3 (l'opposto di -5 al cubo) a sua volta cambiato di segno. Questa osservazione ci permette di dire che il grafico della funzione è simmetrico rispetto all'origine.

Otteniamo il grafico completo calcolando con una tabella un po' di punti e interpolando; il disegno riportato è stato fatto con Desmos.

x	x^3
-2	-8
-1,5	-3,375
-1	-1
-0.5	-0,125
0	0
0.5	0,125
1	1
1,5	3,375
2	8
3	27
4	64
5	125
6	216

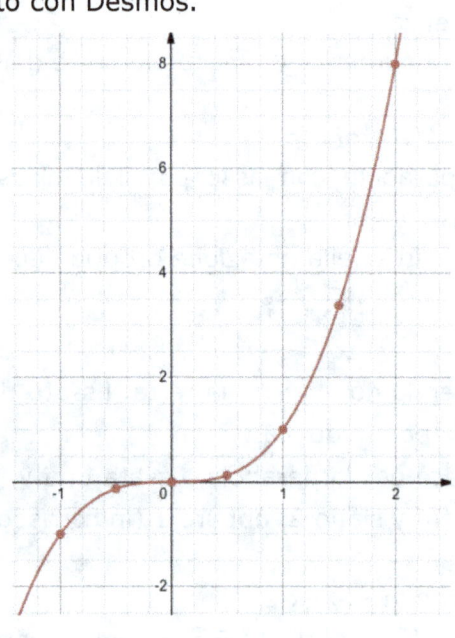

Procediamo in modo analogo per $y=x^4$ $y=x^5$ $y=x^6$...

$y=x^4$

x	x^4
-2	16
-1,5	5,0625
-1	1
-0.5	0,0625
0	0
0.5	0,0625
1	1
1,5	5,0625
2	16
3	81
4	256
5	625
6	1296

$y=x^5$

x	x^5
-2	-32
-1,5	-7,59375
-1	-1
-0.5	-0,03125
0	0
0.5	0,03125
1	1
1,5	7,59375
2	32
3	243
4	1024
5	3125
6	7776

$y=x^6$

x	x^6
-2	64
-1,5	11,390625
-1	1
-0.5	0,015625
0	0
0.5	0,015625
1	1
1,5	11,390625
2	64
3	729
4	4094
5	15625
6	46656

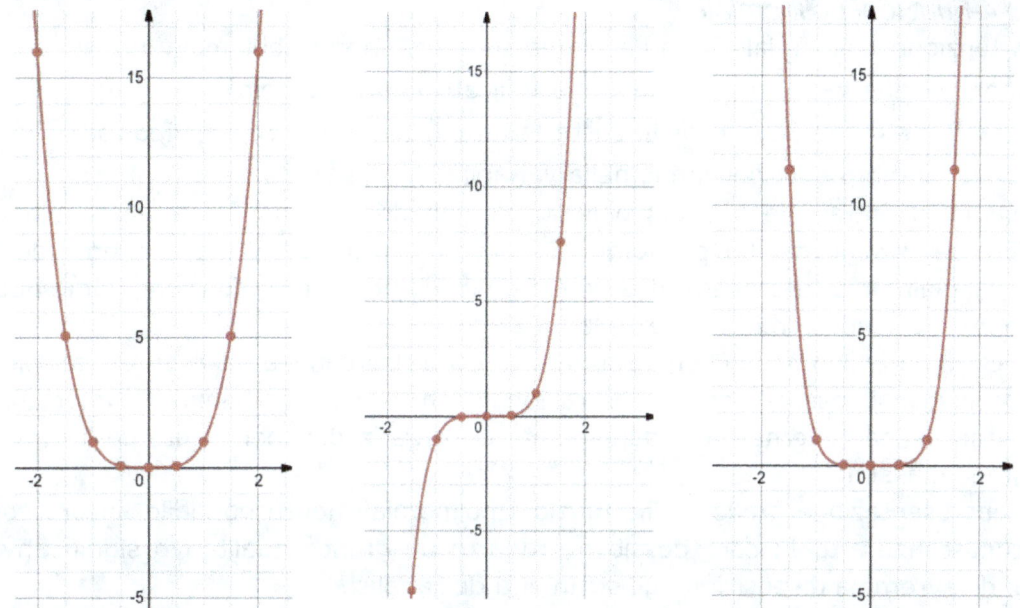

Le potenze pari, a differenza di quelle dispari, danno sempre risultato positivo. per cui il grafico si svilupperà tutto sopra l'asse delle x.

Si scopre inoltre che le forme delle curve con esponente dispari si assomigliano tra loro e così anche quelle di esponente pari, che assomigliano a delle parabole.

Queste curve passano tutte per *(0,0)*, perchè $0^n=0$ e per *(1,1)* perchè $1^n=1$.

Se sono a esponente pari passano anche per *(-1,1)* perchè $(-1)^n=1$, con l'esponente dispari passano anche per *(-1,1)* perchè $(-1)^n=1$.

Si nota che esse variano per la ripidità con cui crescono o decrescono.

Per un confronto le riportiamo tutte sullo stesso grafico.

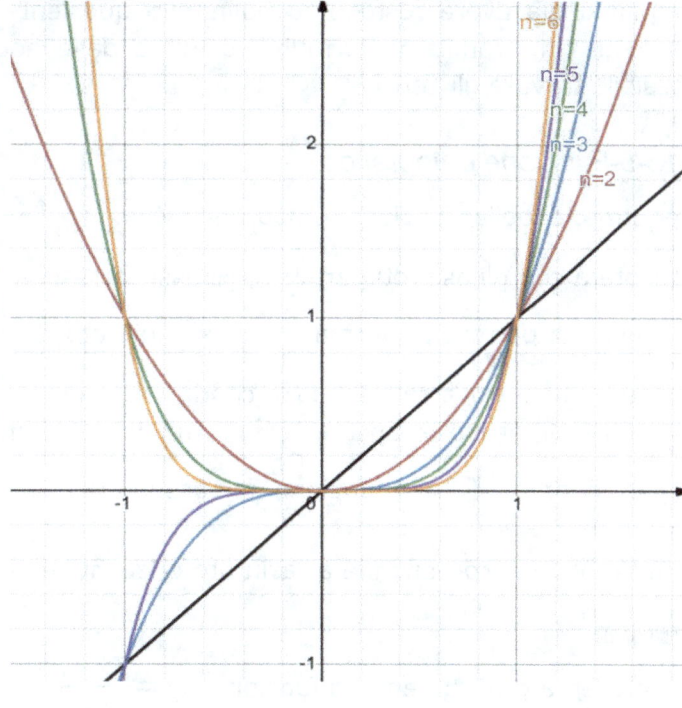

F13-4-Funzioni polinomiali

Con funzione polinomiale si intende una funzione in cui abbiamo y uguale a un polinomio nella variabile x. Esso viene indicato con il simbolo $y=P(x)$, usando la lettera P maiuscola invece della solita lettera f, più generica, per indicare che il secondo membro è un polinomio nella variabile x.

Abbiamo incontrato le funzioni polinomiali quando abbiamo usato la regola di Ruffini per scomporre un polinomio. Il procedimento partiva dalla ricerca degli zeri del polinomio. Il concetto di zero è definibile anche per le funzioni, come quel numero che rende zero il valore della funzione.

Gli zeri di un polinomio a coefficienti interi vanno ricercati tra i divisori del termine noto; inoltre si possono cercare zeri razionali con frazioni che hanno a numeratore i divisori del termine noto e a denominatore i divisori del coefficiente del termine di grado massimo.

La rappresentazione grafica delle funzioni polinomiali non è possibile ancora con le conoscenze attuali; sarà possibile produrre un grafico qualitativo significativo quando avremo a disposizione gli strumenti dell'analisi.

Esempio

$P(x)=x^3-7x+6$ è una funzione polinomiale di terzo grado.

Per cercare i possibili zeri sostituisco i possibili divisori di 6.

$P(1)=1-7+6=0$ e dunque $x=1$ è uno zero

Senza provare con gli altri divisori, facciamo la divisione $(x^3-7x+6):(x-1)$ che sappiamo già avere resto 0. Il polinomio quoziente è un polinomio di secondo grado di cui, tramite la formula risolutiva delle equazioni di secondo grado, è possibile trovare gli zeri.

F13-5-Funzione omografica

L'equazione della funzione omografica è $y=\dfrac{ax+b}{cx+d}$; si tratta di un'iperbole equilatera con gli asintoti paralleli agli assi cartesiani.

L'insieme di partenza è formato da $\mathbb{R}$ privato del punto $-\dfrac{d}{c}$; questo valore è quello che si trova calcolando le condizioni di esistenza.

L'insieme di arrivo è ancora $\mathbb{R}$, ma la funzione non assume tutti i valori appartenenti a $\mathbb{R}$: la funzione non assumerà mai il valore $\dfrac{a}{c}$.

Infatti $y=\dfrac{a}{c}$ corrisponde all'asintoto orizzontale della funzione.

Esempio

Rappresenta graficamente la funzione $y=\dfrac{2x+1}{x+1}$

Si tratta di una funzione omografica, pertanto calcoliamo gli asintoti e poi disegniamo i due rami.

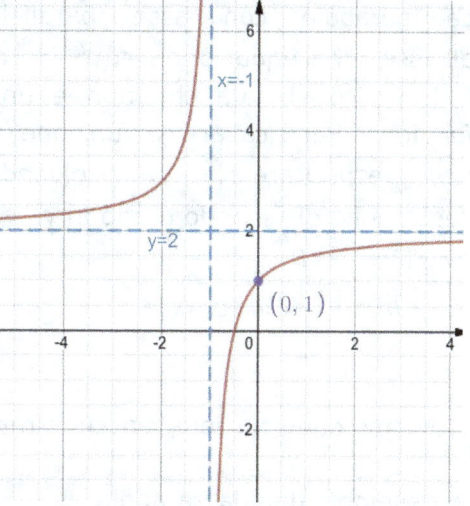

L'asintoto orizzontale è *x=-1*.

L'asintoto verticale *y=2*.

Per stabilire velocemente in quali quadranti disegnare i due rami si sostituisce un valore a piacere della *x*, per esempio *x=0*, per trovare un punto dell'iperbole.

In questo caso *(0,1)*, che permette di individuare dove si trova uno dei due rami e di conseguenza anche l'altro.

F13-6-Coniche

A parte la parabola con asse verticale e la funzione omografica, le altre coniche non sono funzioni. Prendiamo ad esempio la circonferenza: l'equazione di una circonferenza che passa per l'origine degli assi e di raggio *r* è $x^2+y^2=r^2$.

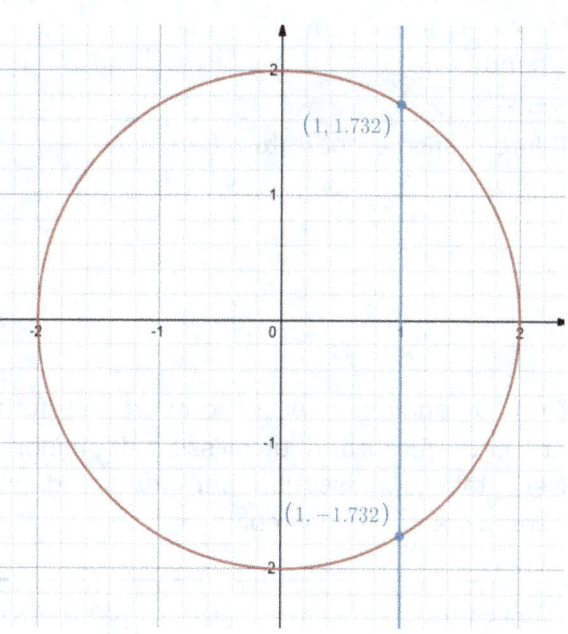

La sua equazione non soddisfa la definizione di funzione. Infatti scelta a piacere *x*, si hanno 2 ordinate *y* corrispondenti a questo valore, come si può osservare graficamente nel disegno a fianco per la circonferenza $x^2+y^2=4$.

Graficamente si nota che questo non è il grafico di una funzione facendo scorrere una retta verticale da sinistra a destra; la retta incontra più di una volta il grafico della circonferenza: non si tratta di una funzione.

Si possono comunque generare funzioni a partire dalle coniche, prendendo solo una parte dei punti della conica. Per esempio si può prendere solo la semicirconferenza superiore (o inferiore).

Per ottenere l'equazione di questa "mezza conica" si esplicita la *y* dall'equazione.

Nella circonferenza dell'esempio $y=\sqrt{4-x^2}$ è la semicirconferenza superiore e

$y=-\sqrt{4-x^2}$ è la semicirconferenza inferiore.

La parabola con asse parallelo all'asse x ha equazione $x=ay^2+by+c$. Dal grafico si nota che non è una funzione. Per ricavare la funzione si deve esplicitare la y, risolvendo l'equazione di secondo grado in y.

$ay^2+by+c-x=0$

$$y=\frac{-b\pm\sqrt{b^2-4\cdot a\cdot(c-x)}}{2a}$$

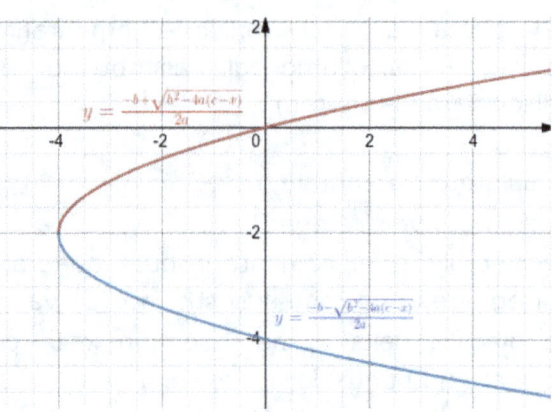

Troviamo due soluzioni, ciascuna rappresenta una funzione.

Per esempio data la parabola $x=y^2+3$, le funzioni si ricavano da
$y^2+x-3=0$
e sono
$y=\pm\sqrt{3-x}$.
Il loro grafico è riportato a fianco.

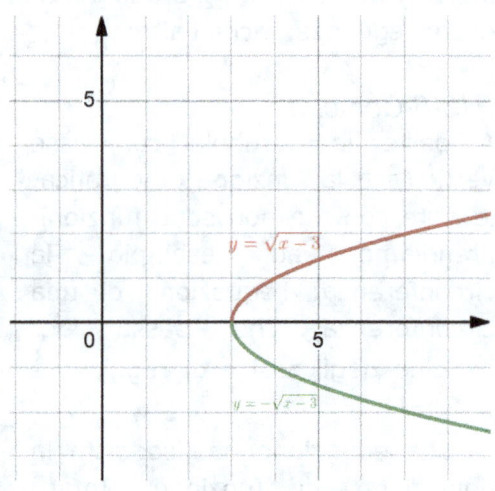

In modo analogo si possono avere due funzioni esplicitando la y nell'equazione di una circonferenza, di un'ellisse o di un'iperbole.
Nella tabella di seguito per ognuna di queste coniche viene mostrato il caso generale e poi un esempio:

Dall'equazione della circonferenza $x^2+y^2+ax+by+c=0$ $y^2+by+x^2+ax+c=0$ $$y=\frac{-b\pm\sqrt{b^2-4\cdot1\cdot(x^2+ax+c)}}{2}$$	Data la circonferenza $x^2+y^2+2x-2y-2=0$ di centro *(-1,1)* e raggio 2 le funzioni da cui essa derivano sono $y^2-2y+x^2+2x-2=0$ $$y=\frac{2\pm\sqrt{4-4\cdot(x^2+2x-2)}}{2}$$ $y=1\pm\sqrt{3-x^2-2x}$.

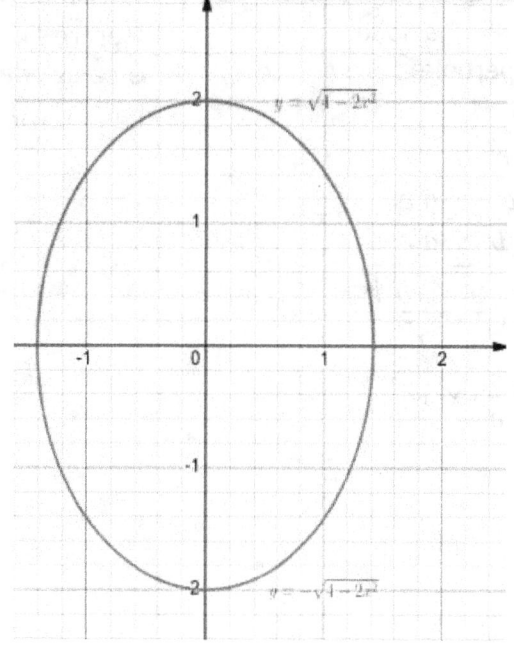

Per l'equazione dell'ellisse

$$\frac{x^2}{a^2}+\frac{y^2}{b^2}=1$$

$$b^2x^2+a^2y^2=a^2b^2$$

$$a^2y^2=a^2b^2-b^2x^2$$

$$y=\pm\sqrt{\frac{a^2b^2-b^2x^2}{a^2}}$$

$$y=\pm\frac{b}{a}\sqrt{a^2-x^2}$$

Con l'ellisse $2x^2+y^2=4$, di semiassi $a=\sqrt{2}$ e $b=2$ le equazioni delle due funzioni sono $y=\pm\sqrt{4-2x^2}$.

L'iperbole

$$\frac{x^2}{a^2}-\frac{y^2}{b^2}=1$$

$$b^2x^2-a^2y^2=a^2b^2$$

$$a^2y^2=b^2x^2-a^2b^2$$

Analogamente l'iperbole $2x^2-y^2=4$, di asintoti

$$y = \pm \sqrt{\frac{b^2 x^2 - a^2 b^2}{a^2}}$$

$$y = \pm \frac{b}{a} \sqrt{x^2 - a^2}$$

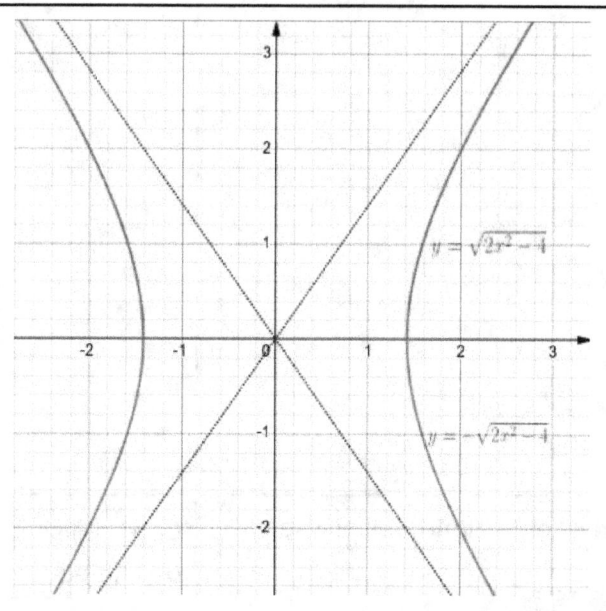

L'altra equazione dell'iperbole

$$\frac{x^2}{a^2} - \frac{y^2}{b^2} = -1$$

$$b^2 x^2 - a^2 y^2 = -a^2 b^2$$

$$a^2 y^2 = b^2 x^2 + a^2 b^2$$

$$y = \pm \sqrt{\frac{b^2 x^2 + a^2 b^2}{a^2}}$$

$$y = \pm \frac{b}{a} \sqrt{x^2 + a^2}$$

Mentre l'iperbole $2x^2 - y^2 = -4$ di asintoti $y = \pm\sqrt{2}$, è posizionato negli altri due angoli

Le equazioni sono $y = \pm\sqrt{2x^2 + 4}$.

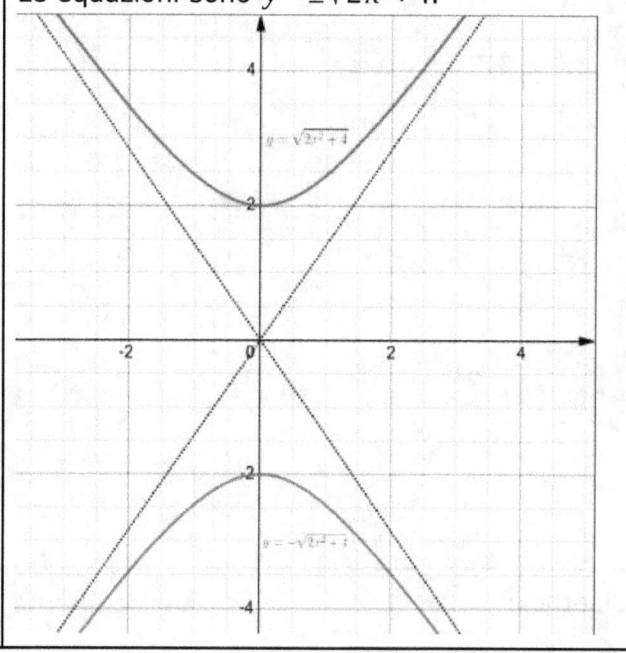

Questo ci permette di disegnare qualsiasi funzione contenente un radicale e che mediante elevamento al quadrato diventa una conica nota. Facciamo qualche esempio.

Esempio 1

Disegnare la funzione $y=\sqrt{2-x^2}$

Elevando al quadrato si ottiene $y^2=2-x^2$ cioè $x^2+y^2=2$ che è una circonferenza di centro $(0,0)$ e raggio $\sqrt{2}$, di cui si prende la semicirconferenza superiore.

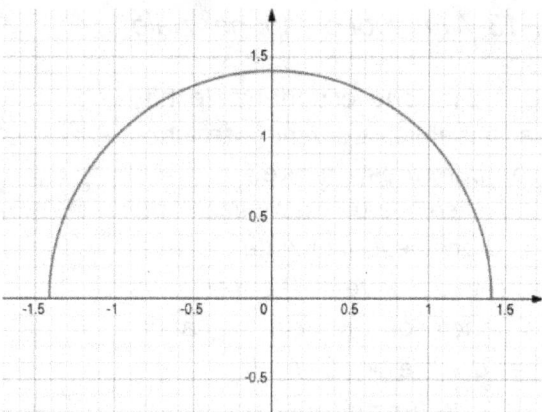

Esempio 2

Disegnare la funzione $y=\sqrt{3x-2}$.

Elevando al quadrato si ottiene $y^2=3x-2$, che esplicitando la x, è $x=\frac{1}{3}y^2+\frac{2}{3}$. Si tratta del grafico di una parabola con asse parallelo all'asse x. Anzi in questo caso l'asse è proprio l'asse x.

L'ordinata del vertice è pertanto 0, mentre l'ascissa si può calcolare sostituendo 0 al posto della y nell'equazione ottenendo $\frac{2}{3}$.

Si noti che l'equazione data esiste solo se $x\geq\frac{2}{3}$.

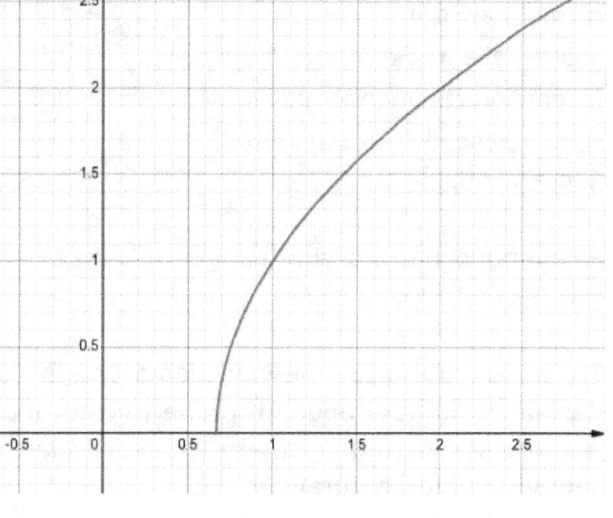

Esempio 3

Disegna la funzione $y=\sqrt{x^2-2}$

Elevando entrambi i membri al quadrato si ottiene $y^2=x^2-2$ cioè $x^2-y^2=2$ che è un'iperbole equilatera di asintoti $y=x$ e $y=-x$, di cui si prende solo la parte superiore. Si noti anche qui che facendo le condizioni di esistenza si ottiene $x\leq-\sqrt{2}$ v $x\geq\sqrt{2}$.

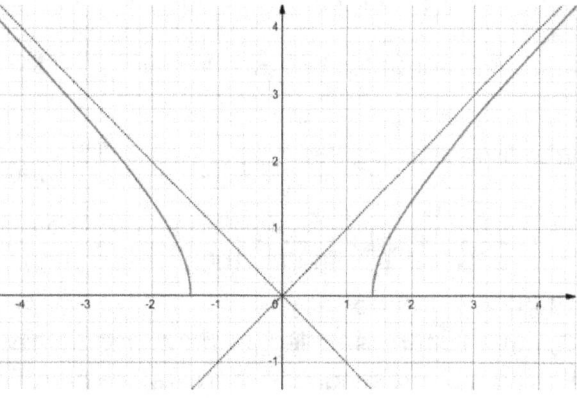

F13-7-Funzione esponenziale

Una funzione esponenziale ha la variabile indipendente che compare a esponente.

Il caso più semplice di funzione esponenziale è del tipo $y=a^x$, dove $a>0$ e $a\neq1$.

A fianco sono riportati i grafici per $a > 1$ e per $0<a<1$.

Tutte le funzioni del tipo $y=a^x$ passano per $(0,1)$ e hanno come asintoto orizzontale l'asse delle x. Sono monotòne e più precisamente se $a>1$ sono crescenti e se $0<a<1$ decrescenti.

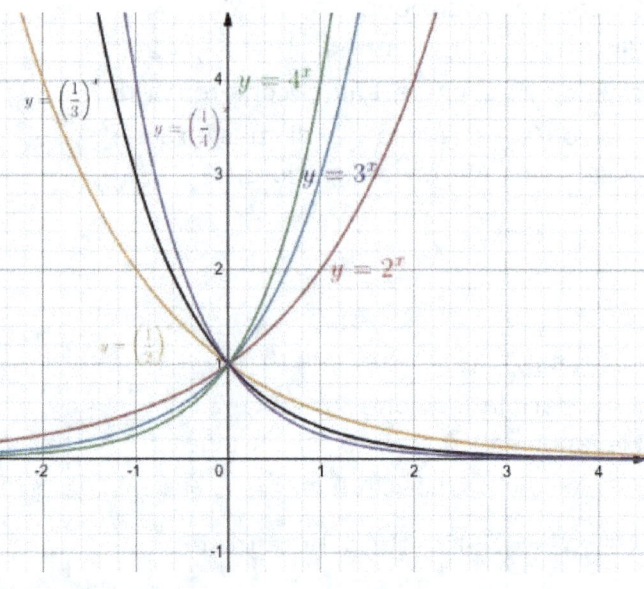

Ricaveremo nei prossimi capitoli la funzione logaritmica $y=\log_a x$ come funzione inversa dell'esponenziale.

Tra le basi utilizzabili ne indichiamo una in particolare: la base e. e è un numero decimale illimitato aperiodico che riveste una grande importanza. Sembra infatti assurdo scegliere un numero così particolare come base avendo a disposizione i semplici numeri naturali.

Ne vedremo comunque l'importanza nel corso degli studi. Per ora ne ricaviamo l'esistenza da un semplice esempio tratto dalla matematica finanziaria.

Consideriamo una somma di denaro di x euro depositata in banca all'interesse dell'1% annuo. Ci chiediamo se sia più vantaggioso avere un interesse semestrale dello 0,5% . Confrontando i due regimi dopo un anno

interesse annuo: $x+\dfrac{1}{100}x=x\left(1+\dfrac{1}{100}\right)^1=1,01\,x$

interesse semestrale: $x+\dfrac{5}{1000}x=x\left(1+\dfrac{5}{1000}\right)$ dopo un semestre e

$x\left(1+\dfrac{5}{1000}\right)+x\left(1+\dfrac{5}{1000}\right)\cdot\dfrac{5}{1000}=x\left(1+\dfrac{5}{1000}\right)^1\left(1+\dfrac{5}{1000}\right)=x\left(1+\dfrac{5}{1000}\right)^2=1.010025\,x$

alla fine dell'anno.

Dunque l'interesse è leggermente maggiore.

Potremmo proseguire controllando che l'interesse trimestrale dello 0,25% è ancora più vantaggioso. Facendo i calcoli dopo un trimestre

$$x+\frac{25}{10000}x=x\left(1+\frac{25}{10000}\right)$$

e dopo i quattro trimestri che compongono l'anno si ottiene

$$x\left(1+\frac{25}{10000}\right)^{4}=1.010037563\,x$$

confermando che suddividendo l'anno in porzioni più piccole l'interesse aumenta.

Ci si può chiedere se continuando a frazionare l'anno, l'interesse aumenterà in modo progressivo oppure questo aumento sarà sempre minore a ogni frazione. Già si nota che passando dalla suddivisione annua a quella semestrale l'aumento è maggiore che nel passaggio dalla semestrale alla trimestrale.

Per apprezzare meglio i cambiamenti cambiamo dati: consideriamo il capitale di 1 euro e l'interesse (del tutto inverosimile) del 100%. Costruiamo una tabella per confrontare i vari regimi:

suddivisione	interesse	capitale finale
annua	100%	2 euro
semestrale	50%	$(1+0,5)^{2}=2,25$ euro
trimestrale	25%	$(1+0,25)^{4}\approx 2.44$ euro
mensile	$\frac{100}{12}\%\approx 8,33\%$	$\left(1+\frac{1}{12}\right)^{12}\approx 2.613035290\approx 2.61$ euro
100 parti	1%	$\left(1+\frac{1}{100}\right)^{100}\approx 2.704813829$
giornaliero	$\frac{100}{365}\%$	$\left(1+\frac{1}{365}\right)^{365}\approx 2.714567482$
1000 parti	0,1%	$\left(1+\frac{1}{1000}\right)^{1000}\approx 2.716923932$
10000 parti	0,01%	$\left(1+\frac{1}{10000}\right)^{10000}\approx 2.718145927$
100000 parti	0,001%	$\left(1+\frac{1}{100000}\right)^{100000}\approx 2.718268237$

Suddividendo ulteriormente l'anno in porzioni sempre più piccole il capitale finale aumenta sempre di più, ma in maniera sempre minore e tende a stabilizzarsi a un

31

valore le cui prime cifre decimali sono 2.718 . Si tratta del numero di Nepero indicato con e. Esso può essere definito come il valore a cui tende la successione di numeri $a_n = \left(1 + \dfrac{1}{n}\right)^n$ con n che diventa sempre più grande.

Si vedrà nel corso degli studi che la funzione esponenziale $y=e^x$ avrà un posto privilegiato tra le funzioni esponenziali.

F13-8-Funzioni goniometriche

Disegniamo ora la funzione $y=\text{sen}x$; sull'asse x si riporta il valore dell'angolo espresso in radianti e sull'asse delle y il corrispondente valore di seno.

Per mettere in evidenza la corrispondenza tra l'ordinata del punto della curva e il segmento che rappresenta seno sul cerchio goniometrico, viene rappresentato sovrapposto anche il cerchio goniometrico.

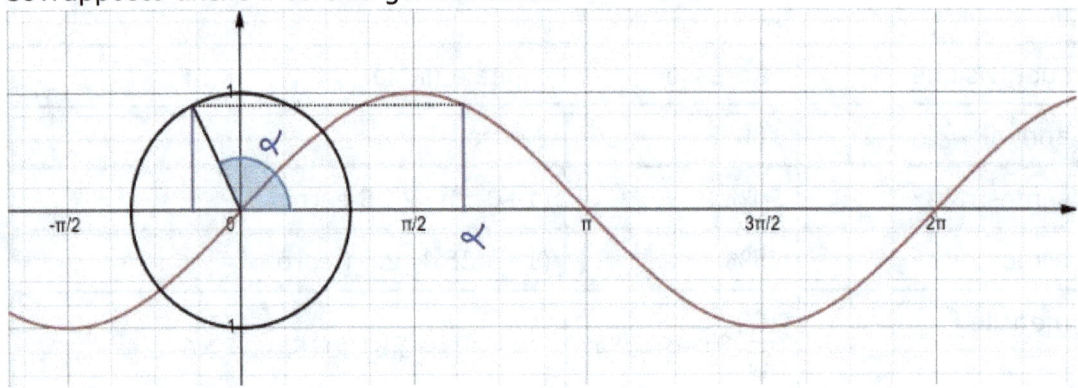

Analogamente per $y=\cos x$.

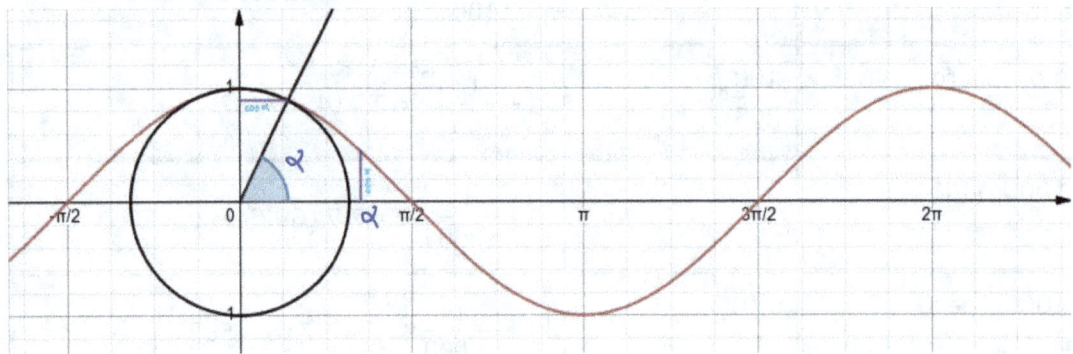

Si noti che $y=\text{sen}x$ e $y=\cos x$ proseguono oscillando per tutto l'asse x; la forma del grafico è la stessa, ma $\text{sen}x$ è traslato lungo l'asse x di $\dfrac{\pi}{2}$. I due grafici sono compresi tra le rette orizzontali $y=1$ e $y=-1$. Infatti $-1 \le \text{sen}x \le 1$ e $-1 \le \cos x \le 1$.

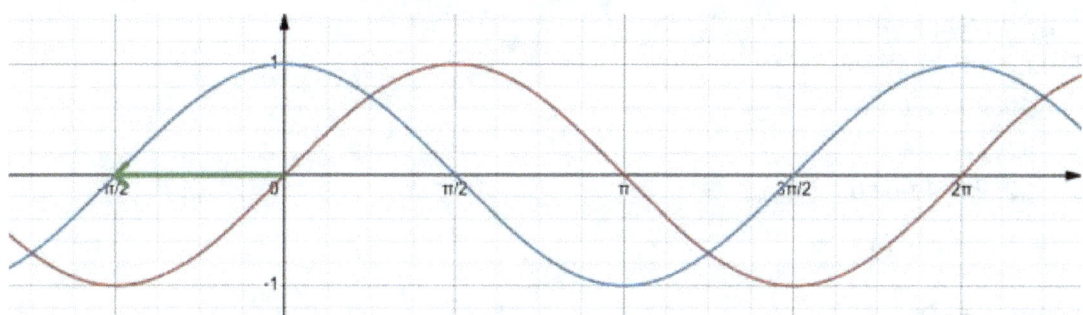

I due grafici si ripetono ogni *2π*, cioè se consideriamo la funzione solo nell'intervallo *[0,2π]*, osserviamo un modulo che si riproduce infinite volte. Si dice che queste funzioni sono periodiche di periodo *2π*.

Dal grafico si osserva anche che le due funzioni si possono ricavare l'una dall'altra per traslazione. Infatti spostando verso sinistra di $\dfrac{\pi}{2}$ la funzione *y=senx* si ottiene *y=cosx*. In formule $\operatorname{sen}\left(x+\dfrac{\pi}{2}\right)=\cos x$, che non è nient'altro che una delle formule degli angoli associati.

Per la funzione tangente si ottiene un grafico molto diverso.

Innanzitutto la tangente non è definita per $x=\dfrac{\pi}{2}+k\,\pi$ con *k=0,±1,±2,...*

Le rette verticali $x=\dfrac{\pi}{2}+k\,\pi$ con *k=0,±1,±2,...* si dicono asintoti per la tangentoide. Gli asintoti sono rette a cui la funzione si avvicina indefinitamente.

Per valori prossimi a $\dfrac{\pi}{2}$ ma minori di $\dfrac{\pi}{2}$ il valore di tangente è grandissimo; per valori prossimi a $\dfrac{\pi}{2}$ ma di poco maggiori, il segmento che rappresenta tangente è ancora grandissimo, ma ha un valore negativo. La stessa cosa si può dire per gli altri valori in cui la tangente non esiste.

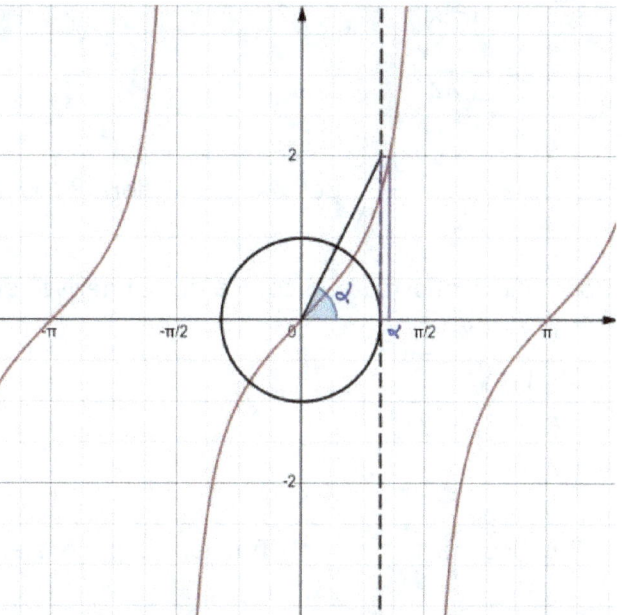

La funzione tangente è periodica di periodo *π*.

Nei prossimi capitoli ricaveremo anche le funzioni inverse delle funzioni goniometriche.

F13-9-Esercizi

Disegna le seguenti rette

40. $y=2x-1$

41. $3x-2y=0$

42. $2x+4y-6=0$

43. $y=\dfrac{5}{4}x+1$

44. $y=-3x-1$

Disegna le seguenti parabole

45. $y=\dfrac{1}{2}x^2+x+1$

46. $y=x^2-4$

47. $y=x^2-4x$

48. $y=x^2-5x+4$

49. $y=4x^2-2x+4$

Disegna le seguenti funzioni omografiche

50. $y=\dfrac{2x-4}{x+2}$

51. $y=\dfrac{x}{x-1}$

52. $y=\dfrac{2x-1}{1-x}$

53. $y=\dfrac{1-2x}{x+4}$

54. Sia $f(x)=\dfrac{3}{1+x}$ per $x\neq-1$.   Allora $3\,f(x)=\ldots.\ f(3x)=\ldots\ldots f(3)=\ldots\ldots$

Dopo aver riconosciuto la conica da cui deriva, disegna la seguente funzione

55. $y=\sqrt{x-1}$

56. $y=\sqrt{x^2-1}$

57. $y=\sqrt{1-2x^2}$

58. $y=\sqrt{4-x^2}-x$

59. Disegna le seguenti funzioni esponenziali e indica la relazione tra le due:

$y=2^x$ e $y=\left(\dfrac{1}{2}\right)^x$.

60. Sia $f(x)=2^{-\frac{1}{x}}$ per $x\neq0$.   Allora $2f(x)=\ldots.\ f(2x)=\ldots\ldots f(2)=\ldots\ldots$

F14–Altre funzioni reali

F14-1-Funzioni definite a pezzi

Con funzione definita a pezzi o, più elegantemente, funzione definita per casi, si intende una funzione definita a partire da 'pezzi' di altre funzioni.

Si può immaginare di ritagliare parti di grafico di funzioni diverse e giustapporle, come se le si incollasse.

Spieghiamo il procedimento con un esempio.

Esempio

Rappresenta graficamente la seguente funzione definita a pezzi:

$$f(x)=\begin{cases} \dfrac{1-x}{x} & se\,x<0 \\ x^2-1 & se\,0\le x<1 \\ 3x-3 & se\,x\ge 1 \end{cases}$$

Disegnamo innanzitutto le tre funzioni separatamente e poi ritagliamo solo quel che serve di ciascuna funzione:

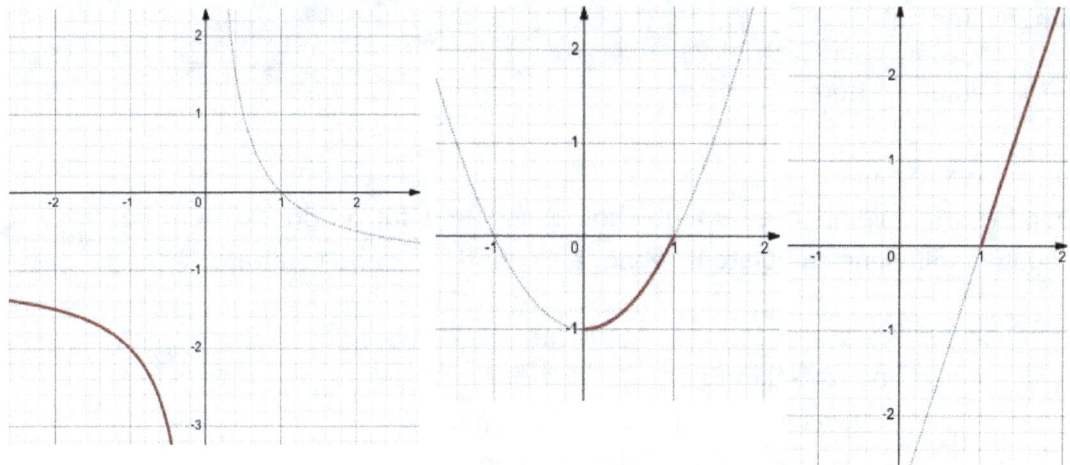

La funzione definita a pezzi $f(x)$ si ottiene combinando le tre parti di grafico colorate di rosso; si evidenzia se inoltre con il pallino pieno quei punti in cui l'estremo è compreso.

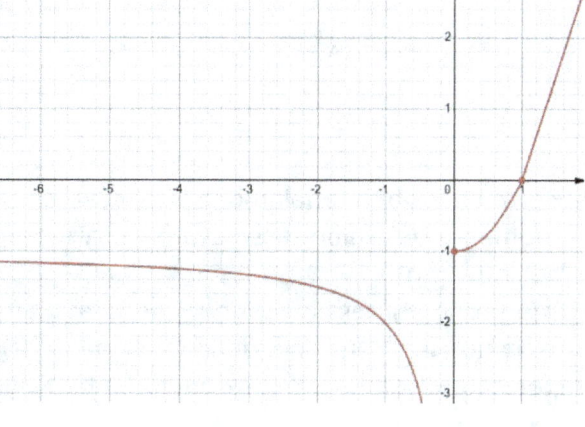

F14-2-Funzioni contenenti valori assoluti

Vediamo ora come trattare le funzioni contenenti valore assoluto.

Se negli anni passati sono state studiate equazioni e disequazioni con valore assoluto si ricorderà che si può trattare il valore assoluto solo eliminandolo, ovvero distinguendo i casi in cui l'argomento del valore assoluto è positivo, negativo o nullo e svolgendo ciascuno dei casi separatamente.

Ci si comporta in modo analogo anche con le funzioni contenenti valori assoluti.

Svolgeremo comunque questo argomento come se non fosse mai stato trattato prima, in modo da non mettere in difficoltà chi non l'ha mai fatto oppure chi pur avendolo trattato non l'ha assimilato.

Vediamo come agisce l'operatore valore assoluto (in GeoGebra, Desmos, Maple e in molti linguaggi di programmazione si scrive abs( )):

- su un numero

$|5|=5$

$|-5|=5$

dunque se il numero è negativo, gli viene cambiato il segno, altrimenti il numero rimane invariato

- su una lettera

$$|x|=\begin{cases} x & se\ x\geq 0 \\ -x & se\ x<0 \end{cases}$$

Dunque ragioniamo esattamente come abbiamo fatto con un numero: se x è negativo, gli viene cambiato il segno, altrimenti x rimane invariato.

- su un'intera espressione algebrica:

   valutiamo $|2x^2-1|+x+1$

$$|2x^2-1|+x+1=\begin{cases} 2x^2-1+x+1 & se\ 2x^2-1\geq 0 \\ -2x^2+1+x+1 & se\ 2x^2-1<0 \end{cases}$$

Semplifichiamo e risolviamo la disequazione $2x^2-1<0$:

$$|2x^2-1|+x+1=\begin{cases} 2x^2+x & se\ x\leq -\dfrac{\sqrt{2}}{2}\vee x\geq \dfrac{\sqrt{2}}{2} \\ -2x^2+x+2 & se\ -\dfrac{\sqrt{2}}{2}<x<\dfrac{\sqrt{2}}{2} \end{cases}$$

Ancora una volta abbiamo agito così come abbiamo fatto con i numeri: se l'argomento del valore assoluto è negativo, gli viene cambiato il segno, altrimenti rimane invariato.

Come per le espressioni algebriche eliminiamo il valore assoluto e in questo caso otteniamo una funzione definita a pezzi. Quindi la disegniamo come abbiamo imparato a disegnare le funzioni definite a pezzi.

Disegniamo ora la funzione $f(x)=|2x^2-1|+x+1$.

$$f(x)=\begin{cases} 2x^2+x & se\ x\leq -\dfrac{\sqrt{2}}{2}\vee x\geq \dfrac{\sqrt{2}}{2} \\[3mm] -2x^2+x+2 & se -\dfrac{\sqrt{2}}{2}<x<\dfrac{\sqrt{2}}{2} \end{cases}$$

Entrambe le parti sono il grafico di una parabola: le disegniamo entrambe e prendiamo solo le parti che interessano.

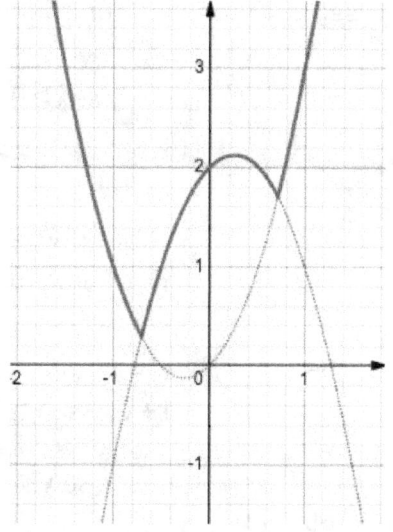

Per alcuni casi particolari non occorre neppure passare alla funzione definita a pezzi.

Se è noto il grafico di $y=f(x)$, si ricava facilmente il grafico di $y=|f(x)|$ facendo le simmetriche rispetto all'asse x delle parti negative della funzione $y=f(x)$ e eliminando queste stesse parti negative, come nel disegno.

Invece per disegnare $y=f(|x|)$ a partire da $y=f(x)$, va eliminata la parte della funzione a sinistra dell'asse y e poi va disegnata a sinistra dell'asse y la simmetrica della parte a destra dell'asse y.

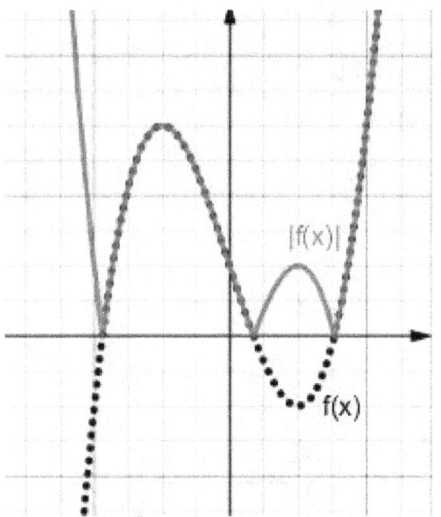

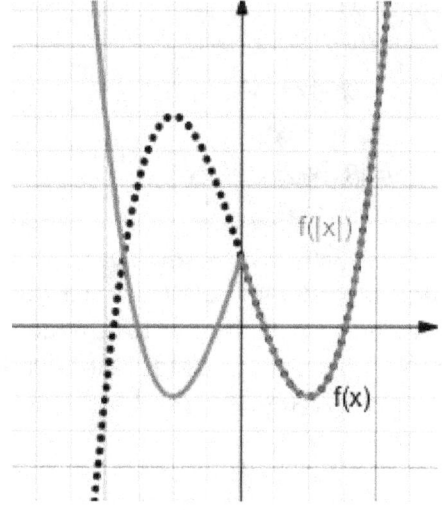

F14-3-Esercizi
Disegna le seguenti funzioni definite a pezzi

61. $f(x)=\begin{cases} -x^2 & se\,x<0 \\ -x & se\,x\geq0 \end{cases}$

66. $f(x)=\begin{cases} 2x+1 & se\,x>2 \\ 1-x^2 & se-2\leq x\leq2 \\ -x & se\,x<-2 \end{cases}$

62. $f(x)=\begin{cases} x^2-2x & se\,x>1 \\ x+2 & se\,x\leq1 \end{cases}$

63. $f(x)=\begin{cases} 2^x & se\,x\geq0 \\ x+1 & se\,x<0 \end{cases}$

67. $f(x)=\begin{cases} e^x+1 & se\,x<0 \\ 3-x^2 & se\,0\leq x<1 \\ x+1 & se\,x\geq1 \end{cases}$

64. $f(x)=\begin{cases} 3 & se\,x\leq-2 \\ x^2-1 & se\,|x|<2 \\ 1+x & se\,x\geq2 \end{cases}$

68. $f(x)=\begin{cases} e^{-x} & se\,x<0 \\ \sqrt{1+x} & se\,x\geq0 \end{cases}$

69. $f(x)=\begin{cases} x^2+x & se\,x>-1 \\ x+1 & se-2\leq x\leq-1 \\ 1 & se\,x<-2 \end{cases}$

65. $f(x)=\begin{cases} \dfrac{1}{x} & se\,x\leq-1 \\ x-1 & se-1<x\leq0 \\ 1 & se\,x>0 \end{cases}$

70. $f(x)=\begin{cases} \sqrt{1-x} & se\,x\leq-1 \\ 4x^2-3x-1 & se\,x>1 \end{cases}$

71. Disegna la funzione $f(x)=\begin{cases} x^2+2x & se\,x<0 \\ sen(x) & se\,0\leq x\leq\pi \\ -x+4 & se\,x>\pi \end{cases}$.

   Determina f(-4), f(0), f(1), e f(4).

Disegna le seguenti funzione contenenti valore assoluto

72. y=|x|-1

73. y=|x|+1

74. y=|x+1|

75. y=2x²-|x+1|

76. y=2x|x|+x²-1

77. y=|3x²+2x-1|+2x

78. $y=\dfrac{3x-7}{3-|x|}$

79. $y=\sqrt{|4-x^2|}$

80. $y=\sqrt{x|x|+1}$

81. $y=2^{|x|}$

F14-4-La funzione segno
La funzione segno vale 1 se l'argomento è positivo e -1 se l'argomento è negativo. Non esiste quando l'argomento si annulla.
Ecco il grafico di y=Sgn(x).

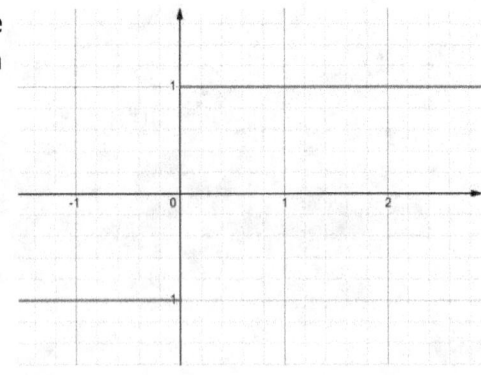

Esempio

Disegnare $y=Sgn(x^2-1)$.

La funzione vale 1 quando $y=x^2-1$ è positiva
e negativa quando $y=x^2-1$ è negativa.

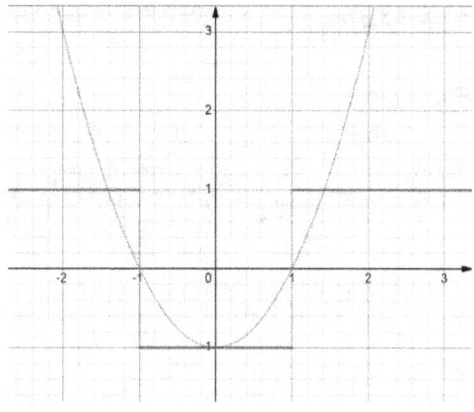

F14-5-La funzione floor

Ricordiamo qui una funzione particolare detta *floor* (=pavimento). Essa associa a
ogni numero reale x il suo intero minore più vicino. Per esempio $floor(5,4)=5$;
$floor(0,2)=0$; $floor(-0,4)=-1$; $floor(-4,2)=-5$.

La sua rappresentazione grafica assomiglia a una scala:

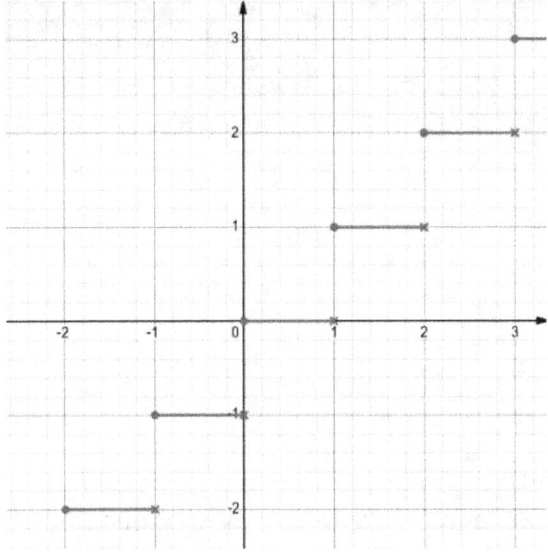

F15–Funzioni e realtà

F15-1-Introduzione

Le funzioni servono a descrivere un fenomeno reale o meglio a creare un modello
per descrivere scientificamente un fenomeno reale.

Galileo, nell'esplicitare il metodo scientifico, afferma che l'universo è scritto con la
lingua della matematica. Attraverso le funzioni è possibile dunque descrivere un
fenomeno o una sua approssimazione. Saper destreggiarsi bene con le funzioni
significa riuscire ad avere uno strumento per esplorare la realtà.

F15-2-Esempi

Esempio 1

Tracciamo il grafico delle rilevazioni della temperatura in una giornata.

I dati sono raggruppati nella seguente tabella:

ore	8	10	12	14	16	18	20
temperatura	10	15	18	20	18	18	16

In questo caso non c'è una legge che lega l'insieme di partenza all'insieme di arrivo. Questa si dice una funzione empirica.

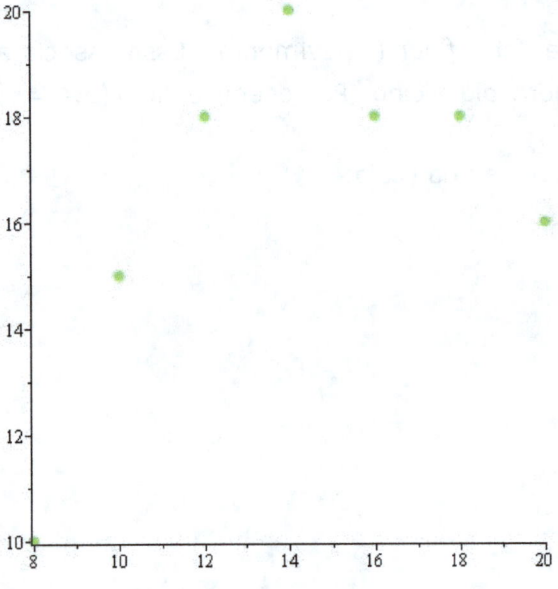

Esempio 2

Scriviamo ora una funzione che descrive il prezzo di un cestino di mele al variare del suo peso. Se il prezzo al chilo è 1,30 euro, indicando con x la quantità di mele, il prezzo complessivo sarà 1,3 x.

Pertanto la funzione $f(x)$ costo delle mele è $f(x)=1,3\,x$.

Scriviamo ora la funzione prezzo di un cesto di mele, dove abbiamo una particolare confezione regalo, in cui anche il cesto ha un costo. Se il cesto costa 3 euro, la funzione $f(x)$ costo della confezione regalo sarà pari a $f(x)=1,3\,x+3$.

In questi due esempi abbiamo espresso la funzione attraverso una legge matematica e dunque non si tratta di una legge empirica, ma di una legge matematica. Il grafico che rappresenta tale legge è una retta. Siccome i valori di x e $f(x)$ devono essere positivi, il grafico si ridurrà al primo quadrante.

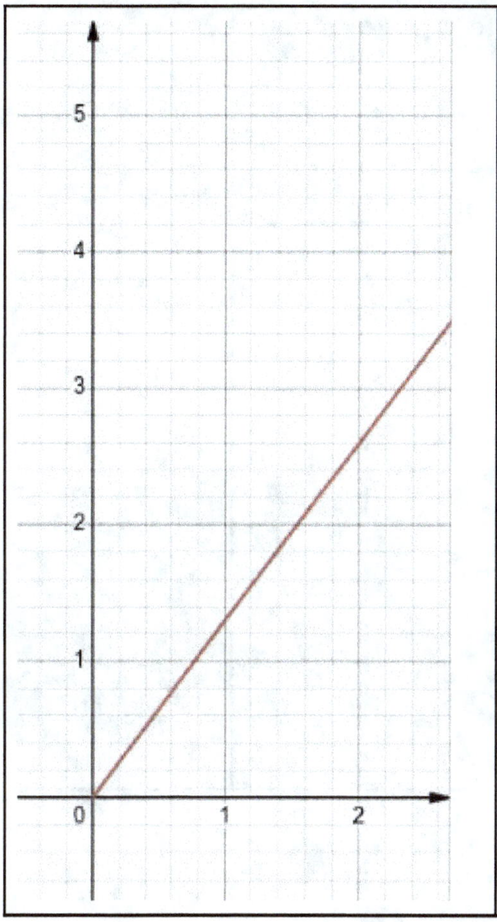

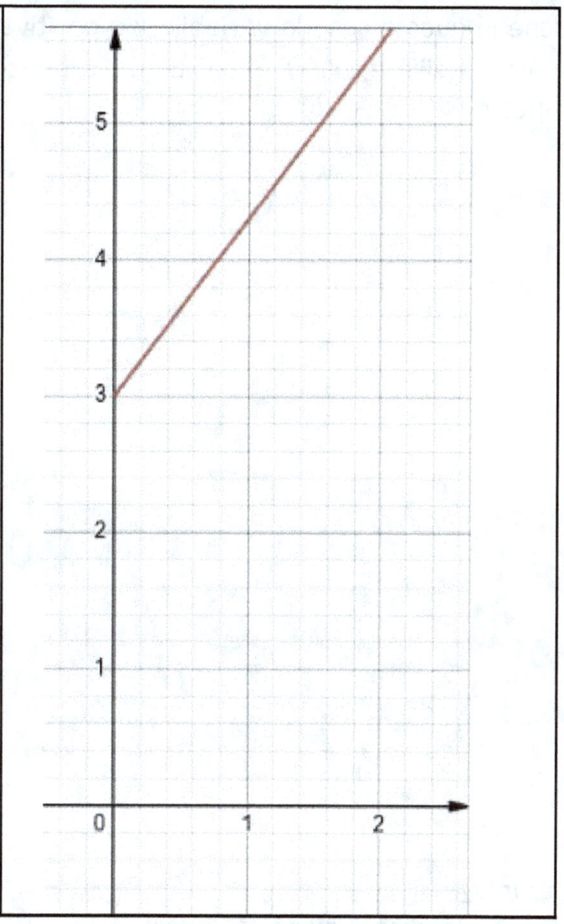

Esempio 3

Vediamo un ulteriore esempio

Esprimi l'area $A(x)$ della seguente figura in funzione del lato x del quadrato che la compone.

La figura è composta da un quadrato e da quattro semicirconferenze di diametro pari al lato del quadrato. Pertanto l'area si esprime come

$$A(x)=x^2+4\cdot\frac{1}{2}\cdot\pi\left(\frac{x}{2}\right)^2=x^2+\frac{\pi}{2}x^2=\left(1+\frac{\pi}{2}\right)x^2$$

Il grafico di questa funzione è una parabola, poiché la x compare di secondo grado.

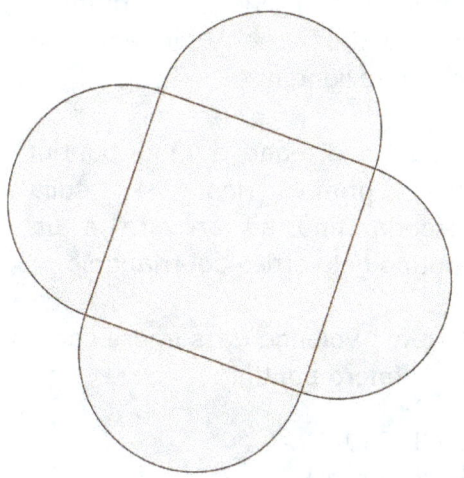

Anche in questo caso la variabile x è positiva e il valore dell'area $A(x)$ è positivo. Pertanto il grafico è nel I quadrante.

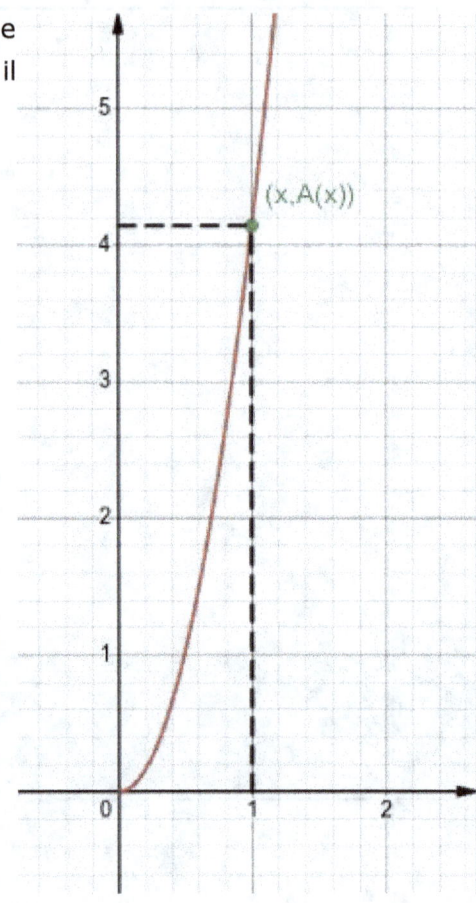

Esempio 4
Osserva la disposizione di questi puntini.
Di quanti puntini sarà formata la configurazione numero 4?
Esprimi in funzione di n il numero di puntini che contiene la configurazione n.

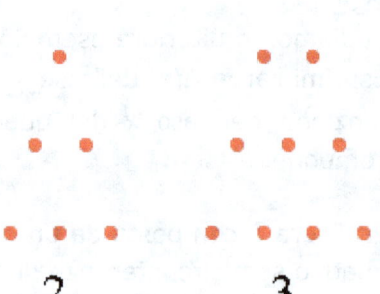

Il quarto disegno avrà 5 puntini sulla prima riga, 4 sulla seconda,..fino ad arrivare a un puntino nel vertice del triangolo.

Pertanto volendo riassumere con una tabella

n	Numero puntini	totale
1	2+1	3
2	3+2+1	6
3	4+3+2+1	10
4	5+4+3+2+1	15

La configurazione n avrà dunque un numero di puntini pari alla somma dei primi *n+1* numeri naturali.

Sapendo che la somma dei primi *n* numeri naturali è $\dfrac{n(n+1)}{2}$, la funzione che lega la configurazione *n* al numero di puntini è $\dfrac{(n+1)(n+2)}{2}$.

La rappresentazione grafica della funzione $f(n)=\dfrac{(n+1)(n+2)}{2}$ è puntuale.

I punti hanno come sostegno la funzione reale $f(x)=\dfrac{(x+1)(x+2)}{2}$ che è una parabola.

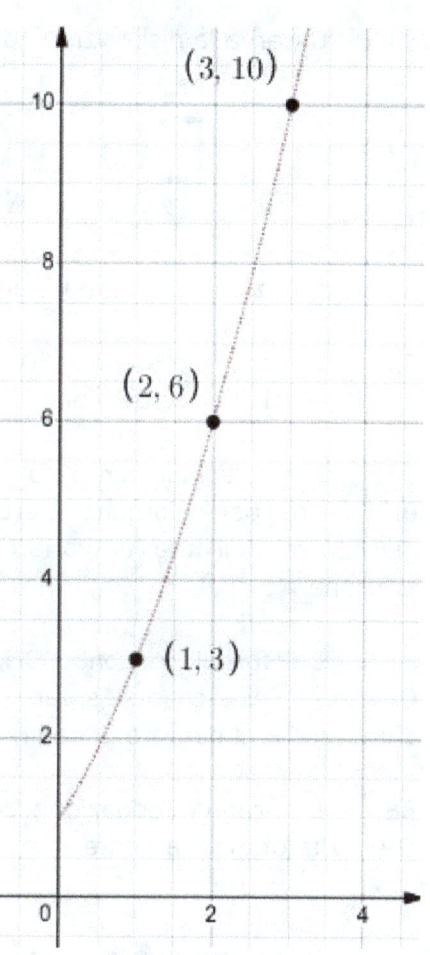

F15-3-Esercizi

82.   Osserva la disposizione di questi puntini. Di quanti puntini sarà formata la configurazione numero 4?
Esprimi in funzione di n il numero di puntini che contiene la configurazione *n*. Traccia il grafico della funzione *f(n)*.

1   2   3

83.   Osserva le costruzioni con i fiammiferi. Quanti fiammiferi occorrono per 4 triangoli? E per n triangoli? Scrivi la funzione che lega il numero di triangoli al numero di fiammiferi.

1   2   3

84.   Osserva la disposizione di tavoli e sedie.

Scrivi la funzione che dato il numero di tavoli fornisce il numero di sedie.

85.   Le pesche costano 2,50 euro al kg. Scrivi la funzione che indica il prezzo in funzione del peso. Disegnane il grafico nel piano cartesiano.

86.   Per noleggiare un auto per un giorno occorrono 30 euro di costo fisso, più 0.35 euro per kilometro percorso. Scrivi la funzione che descrive il costo giornaliero dell'auto al variare dei kilometri percorsi. Traccia il grafico della funzione.

87.   Dal fornaio ci sono 20 kg di pasta per il pane da trasformare in panini. Quanti panini escono se si fanno panini da 40 grammi; e da 60? Scrivi la funzione che descrive il numero di panini prodotti in funzione del peso di ciascun panino.

88.   Determina l'equazione della funzione che esprime il prezzo di un articolo che costa originariamente x, se viene praticato uno sconto del 12%.

89.   In un rettangolo la misura dell'area è 10. Se x è la misura della base, indica con una funzione la misura dell'altezza.

90.   In un rettangolo la base x è $\dfrac{3}{4}$ dell'altezza. Esprimi l'equazione della funzione che indica l'area.

Capitolo F2 – Terminologia

F21–Dominio e codominio

F11-1-Definizione di Dominio e codominio

Con i semplici esempi precedenti abbiamo notato che nelle funzioni reali a variabile reale a volte l'insieme di partenza coincide con $\mathbb{R}$, mentre a volte ne è un sottoinsieme.

Chiamiamo **Dominio** l'insieme di tutti i valori che si possono utilizzare per la x.

Il Dominio pertanto coincide con l'insieme di partenza; infatti se ammettiamo nell'insieme di partenza una x che non ha, attraverso la funzione, nessun corrispondente y, cade la definizione stessa di funzione.

Per determinare il dominio di una funzione, si calcolano le condizioni di esistenza.

Le x possibili sono quelle per cui la funzione esiste.

Per analogia chiamiamo **Codominio** l'insieme di tutti i valori assunti dalla funzione; possiamo dire in modo semplice che il codominio è l'insieme di tutte le y possibili.

Il Codominio pertanto non coincide necessariamente con l'insieme di arrivo; contrariamente a quel che succede per il Dominio, questo fatto non intacca minimamente la definizione di funzione.

Per la retta
Dominio e Codominio coincidono
con $\mathbb{R}$.

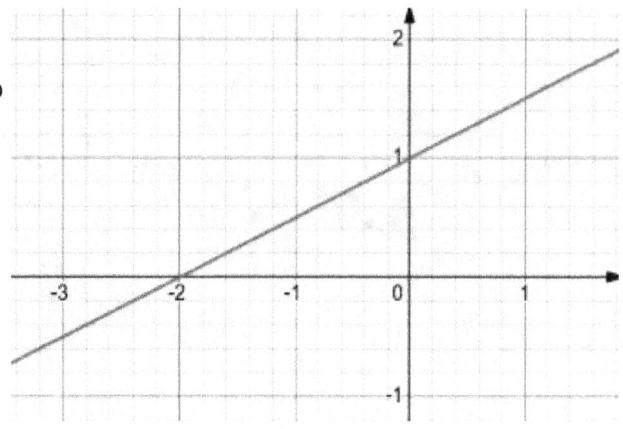

Per la parabola il dominio è ancora $\mathbb{R}$, ma il codominio è rappresentato da $[y_V, +\infty)$ oppure $(-\infty, y_V]$ a seconda della concavità della parabola.

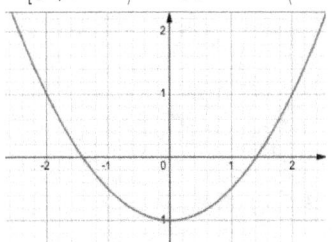
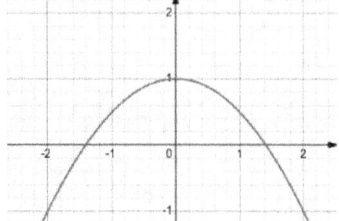

45

Per la funzione omografica il dominio è $\mathbb{R} \setminus \left\{ -\dfrac{d}{c} \right\}$ e il codominio è $\mathbb{R} \setminus \left\{ \dfrac{a}{c} \right\}$.

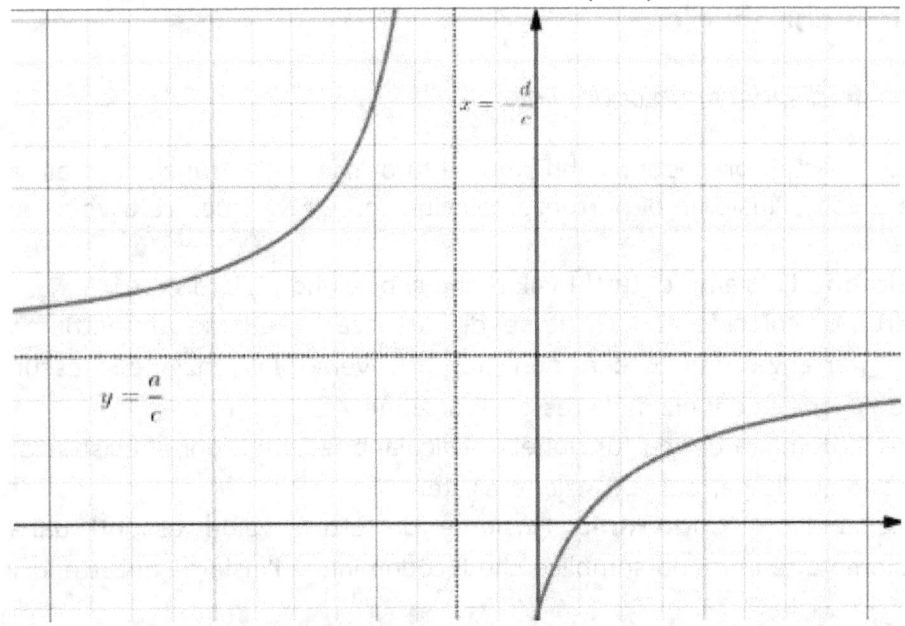

Per le funzioni seno e coseno il dominio è $\mathbb{R}$, ma il codominio è rappresentato da [-1,1].

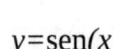

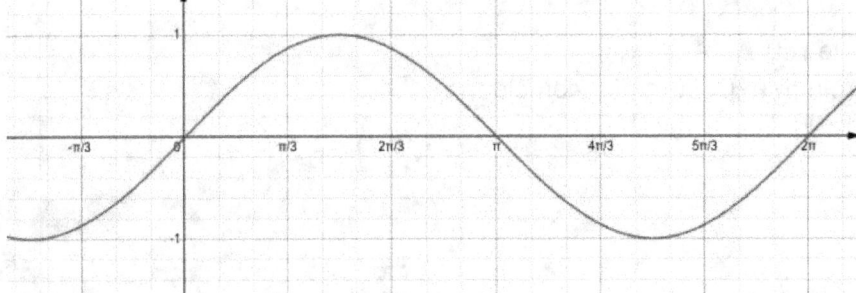

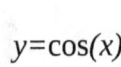

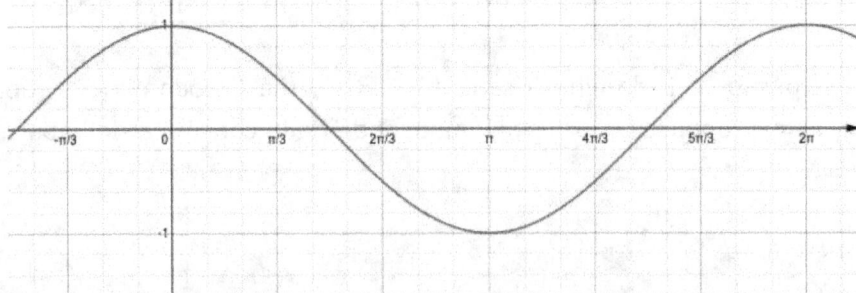

Il Dominio della funzione tangente è $\mathbb{R} \setminus \left\{ \frac{\pi}{2} + k\pi \right\}$ e il codominio è $\mathbb{R}$.

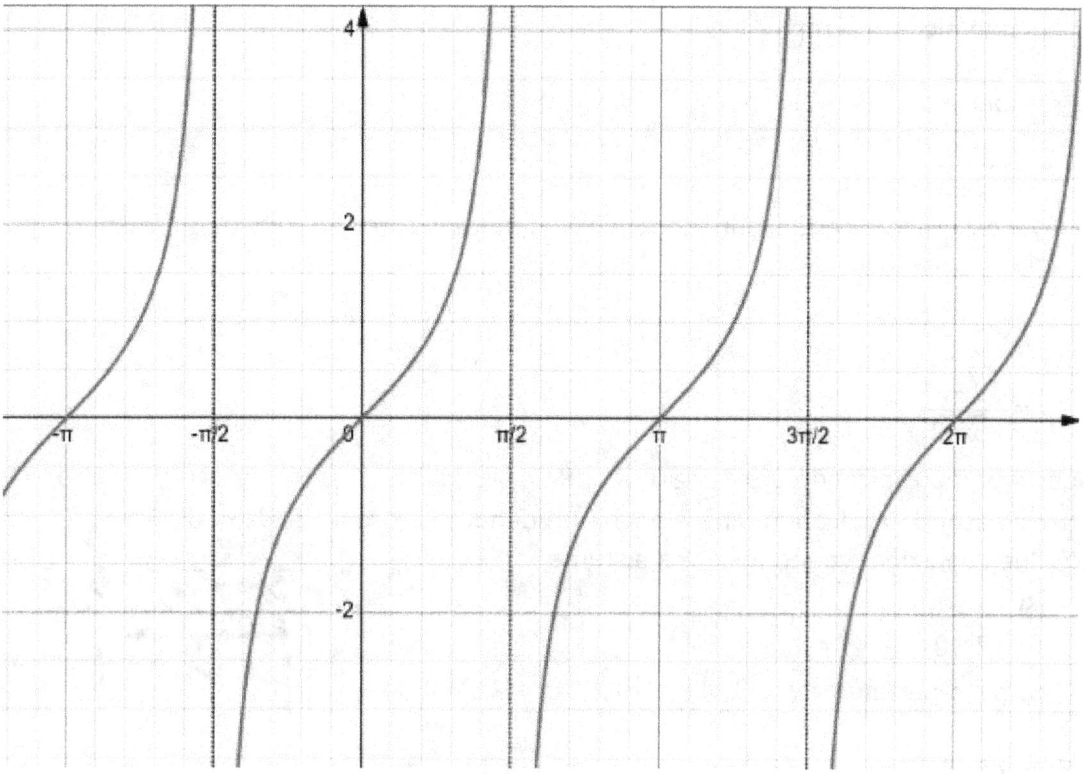

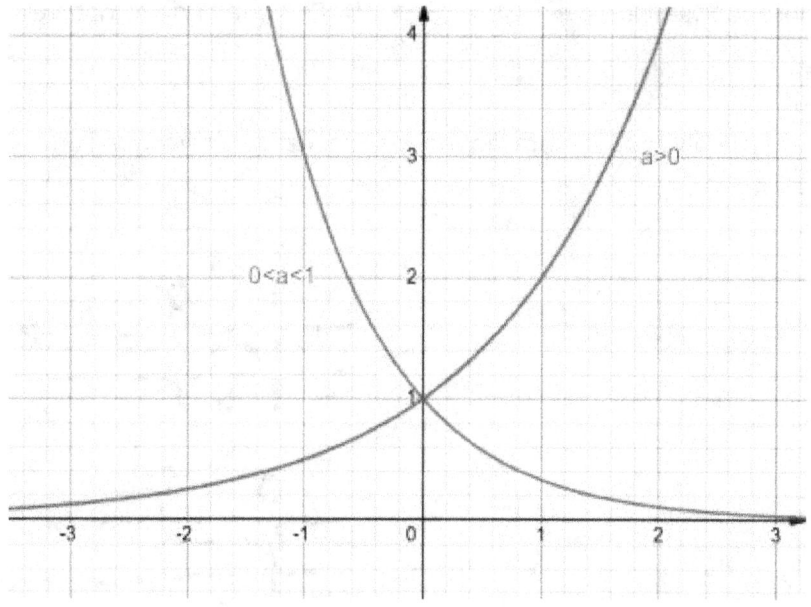

Il dominio della funzione esponenziale $y = a^x$ è $\mathbb{R}$, mentre il condominio è l'insieme $(0, +\infty)$.

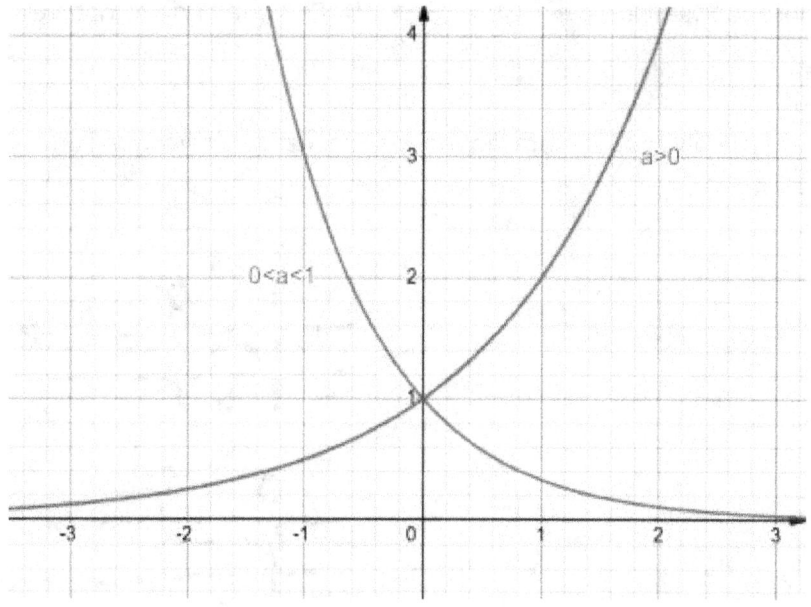

F21-2-Esercizi svolti

Calcolare il dominio di una funzione è equivalente a fare le condizioni di esistenza.
Vediamo alcuni esempi.

Esempio 1

$$y = \frac{x^2 - 1}{\sqrt{x+2}}$$

Deve essere radicando non negativo e denominatore diverso da zero, pertanto
$x+2>0$, dunque $x>-2$.

Esempio 2

$$y = \frac{\sqrt{9-x^2}}{\sqrt{x+2}}$$

per il primo radicando è $9-x^2 \geq 0$ $x^2 \leq 9$ $-3 \leq x \leq 3$

per il secondo radicando, che è anche un denominatore $x+2>0$ $x>-2$.

le due condizioni vanno messe a sistema

$$\begin{cases} 9-x^2 \geq 0 \\ x+2 \geq 0 \end{cases}$$

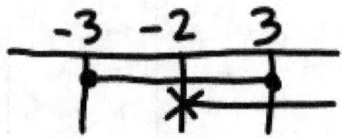

Il dominio pertanto è $(-2;3]$.

Esempio 3

$$y = \sqrt{\frac{x^2-49}{x}} + \sqrt{\frac{2x}{7-x}}$$

Deve essere contemporaneamente $\dfrac{x^2-49}{x} \geq 0$ e $\dfrac{2x}{7-x} \geq 0$. Dunque si deve risolvere

il sistema $\begin{cases} \dfrac{x^2-49}{x} \geq 0 \\ \dfrac{2x}{7-x} \geq 0 \end{cases}$, risolvendo separatamente ciascuna delle disequazioni.

$$\frac{x^2-49}{x} \geq 0$$

$N \geq 0$ $x^2 - 49 \geq 0$ $x \leq -7 \vee x \geq 7$

$D > 0$ $x > 0$

pertanto $-7 \leq x < 0 \vee x \geq 7$

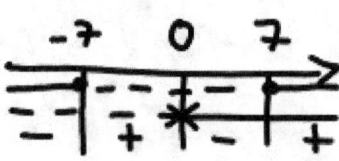

$$\frac{2x}{7-x} \geq 0$$

$N \geq 0$ $2x \geq 0$ $x \geq 0$

$D > 0$ $7-x > 0$ $x < 7$

pertanto $0 \leq x < 7$

Infine si mettono a sistema le due soluzioni trovate.
Il dominio è formato dall'insieme vuoto, pertanto la funzione non esiste.

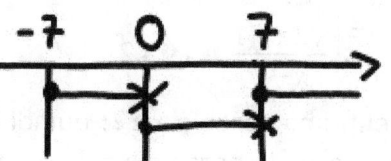

Esempio 4

$$y = \frac{7x+1}{|x^2-5|-4}$$

Deve essere $|x^2-5|-4 \neq 0$ $\qquad$ $|x^2-5| \neq 4$

$x^2-5 \neq 4$ $\qquad$ $x^2 \neq 9$ $\qquad$ $x \neq \pm 3$

$x^2-5 \neq -4$ $\qquad$ $x^2 \neq 1$ $\qquad$ $x \neq \pm 1$

Dunque escludiamo i valori ± 3 e ± 1

Esempio 5

$$y = \sqrt{|-x|-6}$$

CDE $|-x|-6 \geq 0$ $\qquad$ $|-x| \geq 6$ $\qquad$ $-x \leq -6 \vee -x \geq 6$ $\qquad$ $x \geq 6 \vee x \leq -6$

Esempio 6

$$y = \begin{cases} \dfrac{1}{\sqrt[5]{x^3-2x+1}} & se\, x \geq 0 \\[3mm] \dfrac{2}{2x+|x-1|} & se\, x < 0 \end{cases}$$

Deve essere $x^3-2x+1 \neq 0$ $\qquad$ Scomponendo $(x-1)(x^2+x-1) \neq 0$

$$x \neq 1 \qquad x \neq \frac{-1 \pm \sqrt{5}}{2}$$

Di queste tre soluzioni $x \neq \dfrac{-1-\sqrt{5}}{2}$ non appartiene al pezzo.

Per il secondo pezzo $2x+|x-1| \neq 0$.

Avendo i valori assoluti, prendiamo in considerazioni 2 possibilità:

se $x-1>0$ $\qquad$ $2x+x-1 \neq 0$ $\quad$ $x \neq \dfrac{1}{3}$ che non appartiene all'intervallo $x>1$

se x-1<0 $\qquad$ $2x-x+1 \neq 0$ $\quad$ $x \neq -1$ che invece va considerato.

Pertanto il dominio è $x \neq \pm 1$ e $\quad x \neq \dfrac{-1+\sqrt{5}}{2}$.

Esempio 7

$$y=\begin{cases} \sqrt{x-2} & se\,x\ge 2 \\ \dfrac{\sqrt{2}\,x-1}{x-2} & se\,x<2 \end{cases}$$

Nel primo pezzo è $x\ge 2$; quindi esiste nel pezzo considerato.

Nel secondo pezzo è $x\ne 2$ che non appartiene al pezzo considerato.

Dunque il dominio è $\mathbb{R}$.

Esempio 8

$$y=\sqrt{2x^2-8}+\sqrt{1-x^2}$$

$$\begin{cases} 2x^2-8x\ge 0 \\ 1-x^2\ge 0 \end{cases}$$

$2x^2-8x\ge 0 \qquad 2x(x-4)\ge 0 \qquad x\ge 0$

$\qquad\qquad\qquad\qquad\qquad\qquad\qquad x-4\ge 0 \quad x\ge 4$

$x\le 0 \vee x\ge 4$

$1-x^2\ge 0 \quad -1\le x\le 1$

Le soluzioni comuni sono $-1\le x\le 0$.

F21-3-Esercizi

Calcola il dominio delle seguenti funzioni

1. $y=\dfrac{sen(x)}{x}$

2. $y=\sqrt{8x^2-6x-5}$

3. $y=\tan(x+1)$

4. $y=\sqrt{6x-5}+\dfrac{1}{\sqrt{3x+4}}$

5. $y=\sqrt{\dfrac{12x-5}{4x-1}}$

6. $y=x\,e^{-x}$

7. $y=\sqrt{2x^2-7x+3}$

8. $y=\sqrt{\dfrac{x^2-1}{4+2x}}$

9. $y=\dfrac{\sqrt{12x-5}}{\sqrt{4x-1}}$

10. $y=\sqrt{4^x-2^x}$

11. $y=\sqrt{\dfrac{2x+11}{x}}$

12. $y=\sqrt{\dfrac{x^2-3x+2}{2x^3}}$

13. $y=\sqrt{\dfrac{x^2+3x+2}{x^2}}$

14. $y=\dfrac{5x^2-1}{x^2+6x+1}$

15. $y=\sqrt{x-4}+\sqrt{5-x}$

16. $y=x^3-x^2$

17. $y=\dfrac{2x+1}{15x^2-19x+6}$

18. $y=\sqrt{3x^2+7x-6}$

19. $y=sen\,x$

20. $y=\sqrt{2\,sen\,x-1}$

F22–Segno

F22-1-Calcolo del segno

Con segno di una funzione si intende l'individuazione dei valori di x per cui abbiamo $y>0$ e quelli per cui abbiamo $y<0$.

Dal punto di vista grafico, con il segno si individua se il disegno si trova sopra l'asse x oppure sotto l'asse x.

Vediamo meglio con un esempio, calcolando il segno della funzione $y=\dfrac{2x+3}{2x^2-9}$

Prima di calcolare il segno, occorre sempre calcolare il dominio, che in questo caso è $2x^2-9\neq 0$ cioè $x\neq\pm\dfrac{3}{\sqrt{2}}=\pm\dfrac{3\sqrt{2}}{2}$.

Per calcolare il segno della funzione bisogna risolvere la disequazione $y>0$ cioè

$$\frac{2x+3}{2x^2-9}>0$$

$N>0$ $2x+3>0$ $x>-\dfrac{3}{2}$

$D>0$ $2x^2-9>0$ $x<-\dfrac{3\sqrt{2}}{2}\vee x>\dfrac{3\sqrt{2}}{2}$

Dunque la funzione è positiva per $-\dfrac{3\sqrt{2}}{2}<x\leq-\dfrac{3}{2}\vee x>\dfrac{3\sqrt{2}}{2}$; si annulla in

$x=-\dfrac{3}{2}$, non esiste in $x=\pm\dfrac{3\sqrt{2}}{2}$ ed è negativa altrove.

Si possono eliminare nel piano cartesiano le parti di piano dove la funzione non esiste. Si tratta di un esercizio propedeutico al disegno del grafico di una funzione che si potrà attuare con gli strumenti dell'analisi.

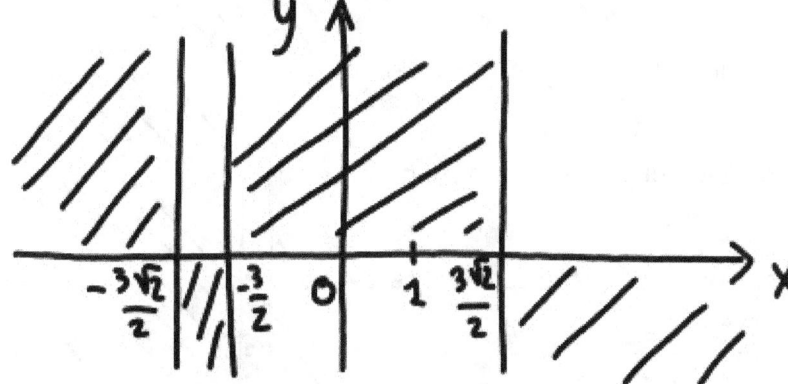

Nel grafico si elimina la parte sopra l'asse x se la funzione è negativa, mentre si elimina la parte sotto l'asse x se la funzione è positiva.

A titolo di esempio si propone il grafico di questa funzione, disegnato con un software (Desmos) per osservare come il grafico si trovi proprio nelle parti di piano individuate.

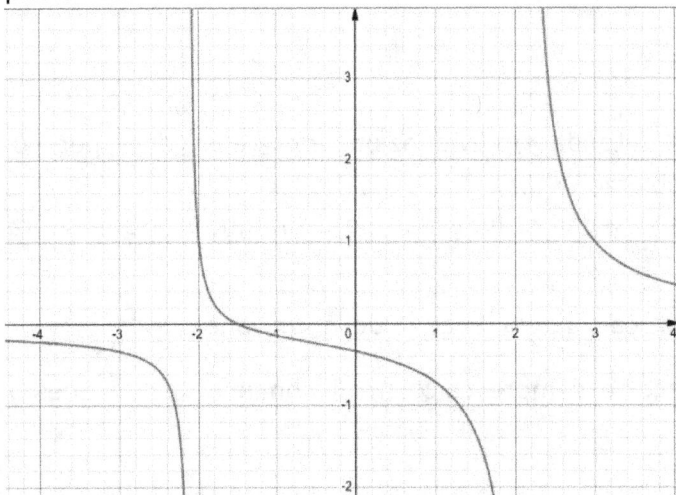

F22-2-Esercizi svolti
Esempio 1

Determina dominio e segno per la funzione $y=\sqrt{\dfrac{x-1}{x^2-8x}}$ e riporta i risultati

ottenuti su un grafico cartesiano.

Dominio:

Deve essere radicando ≥ 0 $\quad \dfrac{x-1}{x^2-8x}\geq 0$

$N \geq 0 \qquad x-1 \geq 0 \qquad x \geq 1$

$D_1 > 0 \qquad x>0$

$D_2 > 0 \qquad x-8>0 \qquad x > 8$

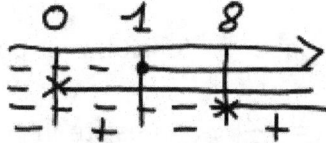

La funzione esiste per $-1\leq x<0 \vee x>8$. Eliminiamo
dunque le parti di piano dove la funzione non esiste.

Calcoliamo ora il segno.
Ricordiamo che una radice quadrata, là dove esiste,
non è mai negativa.

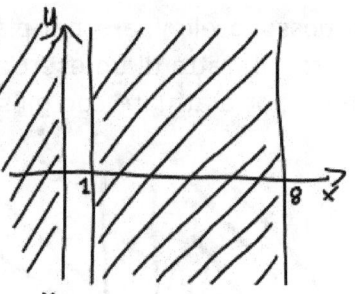

Dunque $\sqrt{\dfrac{x-1}{x^2-8x}}\geq 0$ per tutte le x appartenenti al

dominio.
Nel grafico si eliminerà dunque anche tutta la parte
di piano sotto l'asse delle x.

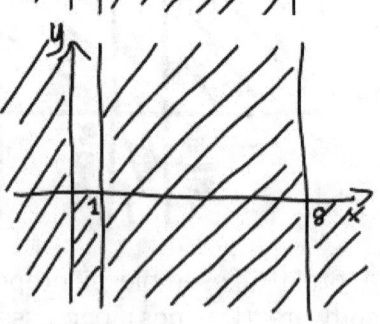

Per un confronto, si può far disegnare la funzione a
un software, per osservare la posizione del grafico.

Esempio 2

Determina il segno della funzione $\quad y=\dfrac{x^2-1}{\sqrt{x+2}}\quad$ all'interno del suo dominio.

Dominio: x>-2

Segno: Siccome il denominatore è sempre positivo, il segno è dato solo dal numeratore.

$y>0\quad x^2-1>0\qquad x<-1\lor x>1$

Va confrontato col Dominio. Dunque la funzione è positivo per $-2<x<-1\lor x>1$, si annulla in *x=-1* e *x=1*. È negativa per *-1<x<1*.

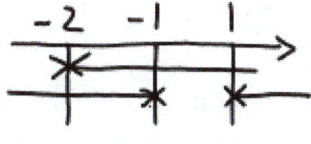

Esempio 3

Determina dominio e segno per la funzione $\quad y=\dfrac{x^2-4}{\sqrt{2x}}\quad$. Riporta poi le informazioni ottenute su un grafico cartesiano. Indica inoltre sul grafico le intersezioni con gli assi.

Dominio: $x>0$

Segno: Il denominatore, là dove esiste è sempre positivo, essendo una radice quadrata. Il segno della funzione coincide con il segno del numeratore.

$x^2-4>0\qquad x<-2\lor x>2$

Confrontando con il Dominio, la funzione è positiva per *x>2*, si annulla in *x=2* e negativa per *0<x<2*.

Disegnamo ora il grafico delle parti di piano.

(2,0) è l'intersezione con l'asse x. Non ci sono intersezioni con l'asse y.

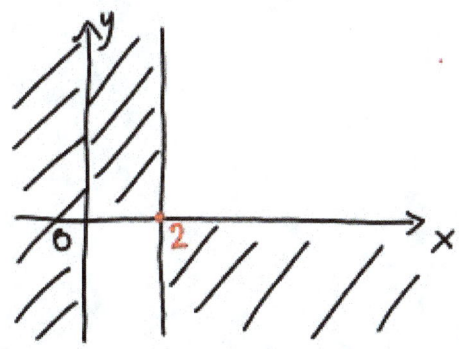

Esempio 4

Determina dominio e segno per la funzione $y=\sqrt{x^2-4}+\sqrt{\dfrac{1+2x}{x+4}}$; rappresenta

graficamente le parti di piano in cui si trova il grafico della funzione.

Dominio: entrambi i radicandi devono essere non negativi.

$$\begin{cases} x^2-4\geq 0 \\ \dfrac{1+2x}{x+4}\geq 0 \end{cases}$$

Per la prima disequazione è $x\leq -2 \vee x\geq 2$

Per la seconda disequazione

$N\geq 0$ $1+2x\geq 0$ $2x\geq -1$ $x\geq -\dfrac{1}{2}$

$D>0$ $x+4>0$ $x>-4$

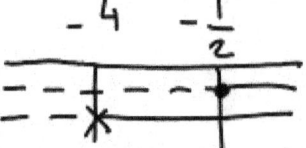

La seconda disequazione è verificata per $x<-4 \vee x\geq -\dfrac{1}{2}$

Ora componiamo i due risultati facendone l'intersezione, pertanto il Dominio è $x<-4 \vee x\geq 2$.

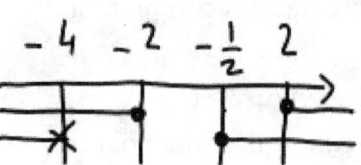

Segno:

$\sqrt{x^2-4}$ è positivo per ogni x appartenente al dominio perché è una radice.

Anche $\sqrt{\dfrac{1+2x}{x+4}}$ è positivo per ogni x appartenente al dominio perché è una

radice. Pertanto la funzione, laddove esiste, è sempre positiva. Di seguito il

grafico delle parti di piano in cui esiste il grafico.

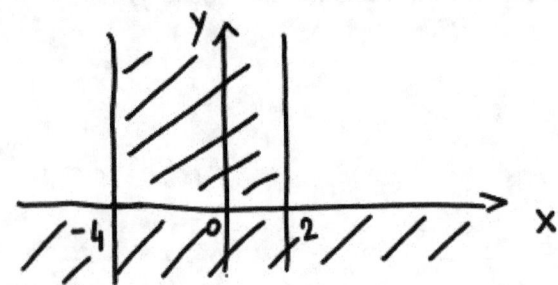

F22-3-Esercizi

Determina il segno per le seguenti funzioni

21. $y=\dfrac{1}{x^2+1}$ 22. $y=\dfrac{\operatorname{sen}x}{1-\tan x}$ 23. $y=\dfrac{2x^2}{|x^2-9|}$

Determina il segno delle seguenti funzioni all'interno del loro dominio. Riporta poi le informazioni ottenute su un grafico cartesiano. Indica inoltre sul grafico le intersezioni con gli assi.

24. $y=\dfrac{x^2-3}{x^4+x}$

25. $y=\dfrac{\sqrt{x+5}}{x^2-4}$

26. $y=\dfrac{x^2-1}{\sqrt{x+2}}$

27. $y=\sqrt{\dfrac{-x^2+7x-6}{x-4}}$

28. $y=|2x-1|-x^2$

29. $y=x-\sqrt{4x^2-1}$

30. $y=2-x-\sqrt{x+1}$

31. $y=\sqrt{x^2+2x}-x-3$

Determina dominio e segno delle seguenti funzioni; riporta i risultati ottenuti su un grafico cartesiano.

32. $y=\dfrac{2x^2-3}{2x+1}$

33. $y=\dfrac{2x+1}{x^2-9}$

34. $y=\dfrac{x-3}{2-2^x}$

35. $y=\dfrac{x}{\sqrt{x^4-16}}$

36. $y=\dfrac{2^x-1}{3^x-9}$

37. $y=\dfrac{\sqrt{e^x-1}}{x^2-4}$

F23–Immagine e controimmagine

F23-1-Definizioni

Per descrivere meglio il codominio definiamo l'**immagine**: l'immagine di un elemento x, appartenente al dominio di una funzione f, è il valore y che è il corrispondente di x tramite la funzione f e viene indicato con $y=f(x)$.

NOTAZIONE: l'immagine di $x=x_0$ per la funzione $f(x)$ si indica con $f(x_0)$

Esempio 1
Determina l'immagine di 3 per $y=2x+1$.
$f(3)= 2 \cdot 3 + 1 = 7$

Possiamo ridefinire il codominio come l'insieme di tutte le immagini al variare di x nel dominio.

Definiamo ora la **controimmagine** di un elemento y appartenente all'insieme di arrivo, l'insieme di tutte le x che hanno come immagine y, cioè tutte le x per cui è è $y=f(x)$.

NOTAZIONE: la controimmagine di $y=y_0$ per la funzione $f(x)$ si indica con $f^{-1}(y_0)$.

Esempio 2
Determina la controimmagine di 3 per $y=2x+1$.
$3=2x+1 \qquad x=\dfrac{3-1}{2}=1 \qquad f^{-1}(3)=1.$

Esempio 3
Determina la controimmagine di 3 per $y=x^2+2x+1$.

$$3=x^2+2x+1 \qquad x^2+2x-2=0 \qquad x_{1,2}=\frac{-2\pm\sqrt{4-4\cdot(-2)}}{2}=\frac{-2\pm 2\cdot\sqrt{1+2}}{2}=-1\pm\sqrt{3}$$

$$f^{-1}(3)=-1\pm\sqrt{3}$$

Esempio 4
Determina la controimmagine di -3 per $y=x^2+2x+1$.

$$-3=x^2+2x+1 \qquad x^2+2x+4=0 \qquad x_{1,2}=\frac{-2\pm\sqrt{4-4\cdot 4}}{2}$$ nessuna soluzione reale; la controimmagine è l'insieme vuoto.

Si osservi che, mentre l'immagine esiste ed è unica, la controimmagine può essere formata dall'insieme vuoto, da un elemento solo, da un numero finito di elementi, ma anche da infiniti elementi. Non ci si faccia ingannare dalla parola controimmagine, che pur essendo al singolare può indicare una pluralità di oggetti.

F23-2-Zeri di una funzione
Si dice zero di una funzione quel valore x_0 per cui $f(x_0)=0$.
In altre parole si può dire che lo zero di una funzione ha come immagine 0. O ancora si può dire che l'insieme degli zeri di una funzione è l'insieme di quegli elementi che formano la controimmagine di 0.
Graficamente gli zeri di una funzione sono le intersezioni della curva con l'asse x.

Esempio 1
Determina gli zeri della funzione $y=2x^3-9x^2+7x+6$.
Per trovare gli zeri di un polinomio si esplorano i divisori del termine noto. Si ricordi che se non si dovessero trovare tra gli zeri del termine noto, si potrebbe tentare con i divisori razionali ottenuti mettendo a numeratore della frazione i divisori del termine noto e a denominatore i divisori del termine di grado massimo.
$P(1)=2-9+7+6\neq 0$
$P(-1)=-2-9-7+6\neq 0$
$P(2)=2\cdot 2^3-9\cdot 2^2+7\cdot 2+6=0$. Pertanto il primo zero è $x_1=2$.
Per trovare gli eventuali altri zeri, innanzitutto si divide utilizzando la regola di Ruffini.

Il quoziente della divisione è $2x^2-5x-3$. Procediamo a individuare gli ulteriori altri zeri risolvendo l'equazione $2x^2-5x-3=0$.

$$x_{2,3}=\frac{-5\pm\sqrt{25-4\cdot 2\cdot(-3)}}{4}=\frac{-5\pm\sqrt{49}}{4}=\frac{-5\pm 7}{4}$$

	2	-9	7	6
2		4	-10	-6
	2	-5	-3	0

Pertanto $x_2 = -3 \quad x_3 = \dfrac{1}{2}$ sono gli ulteriori zeri.

Esempio 2

Determina gli zeri della funzione $\quad y = 3^{2x^2+3x-6} - 3$.

Si pone $\quad 3^{2x^2+3x-6} - 3 = 0$ e si risolve.

$3^{2x^2+3x-6} = 3 \qquad\qquad 2x^2+3x-6 = 1 \qquad\qquad 2x^2+3x-7 = 0$

$x_{1,2} = \dfrac{-3 \pm \sqrt{9 - 4 \cdot 2 \cdot (-7)}}{4} = \dfrac{-3 \pm \sqrt{65}}{4}$ che sono gli zeri della funzione.

F23-3-Esercizi svolti

Esempio 1

Determina l'immagine di $\quad \dfrac{2}{3}\pi \quad$ per la funzione $y = \operatorname{sen} x$.

Per calcolare l'immagine di un elemento non si fa altro che sostituire in x l'elemento dato. Pertanto l'immagine è $y = \operatorname{sen}\left(\dfrac{2}{3}\pi\right) = \dfrac{\sqrt{3}}{2}$

Esempio 2

Calcola la controimmagine di 0,3 per la funzione $y = \operatorname{sen} x$. Disegna poi la funzione, 0,3 e la sua controimmagine.

Disegniamo $y = \operatorname{sen} x$ e la retta orizzontale $y = 0,3$.

I punti di intersezione tra le due curve rappresentano gli infiniti elementi che compongono la controimmagine.

Per determinare le controimmagini si risolve l'equazione $\operatorname{sen} x = 0,3$ e le soluzioni sono $x_1 = \arcsin(0,3) + 2k\pi \qquad\qquad x_2 = \pi - \arcsin(0,3) + 2k\pi$

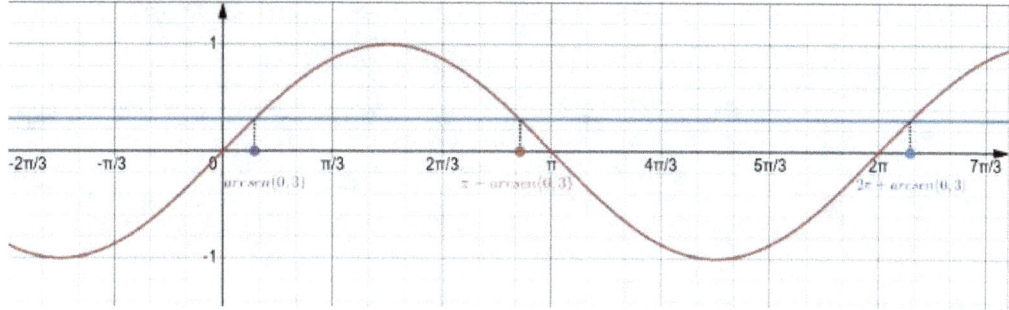

Esempio 3

Disegna la funzione $f(x)=\begin{cases} x^2 & se\ x>0 \\ 1-x & se\ x\le 0 \end{cases}$.

Calcola l'immagine di 2 e la controimmagine di 2.

Per disegnare la funzione a pezzi disegno $y=x^2$ nella parte positiva delle x e la retta $y=1\text{-}x$ nella parte negativa delle x.

L'immagine di 2 si ottiene sostituendo 2 al posto della x, dunque nella parte della parabola. _f(2)=4._

La controimmagine di 2 va cercata andando a individuare quei valori di x che danno 2 come risultato. Pertanto dobbiamo provare entrambi i pezzi:

$x^2=2$ $x=\pm\sqrt{2}$ di cui considero solo quella positiva perché la negativa non appartiene al pezzo.

_1-x=2 x=-1_

Dunque la controimmagine di 2 è formata dai numeri -1 e $\sqrt{2}$.

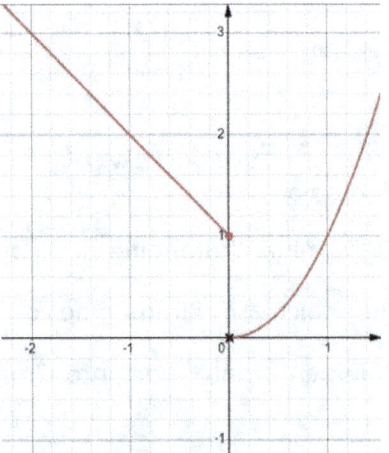

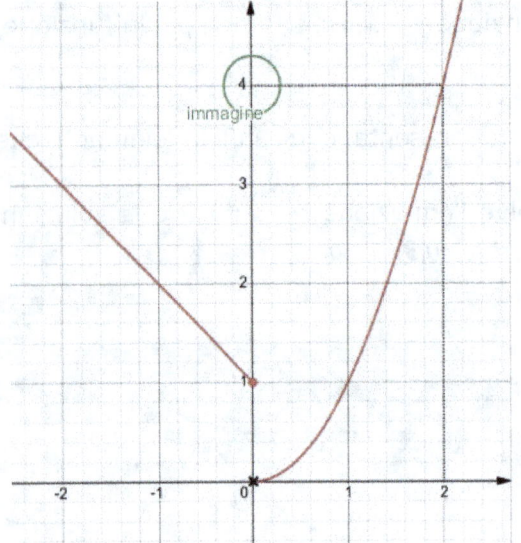

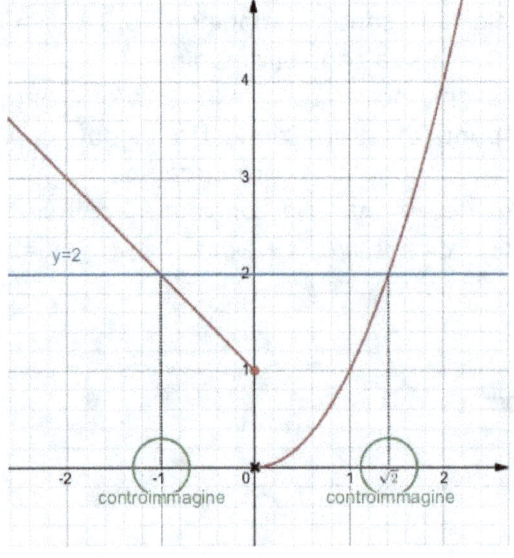

F23-4-Esercizi

38. Completa le seguenti affermazioni dopo aver esaminato la funzione f rappresentata nel diagramma cartesiano a fianco.

    Calcola:
    $f(2)...$, $f(1)=...$,
    $f(...)=1$, $f(...)=6$.
    La controimmagine di 6 è ....
    L'immagine di 3 è ......
    Il codominio è ....

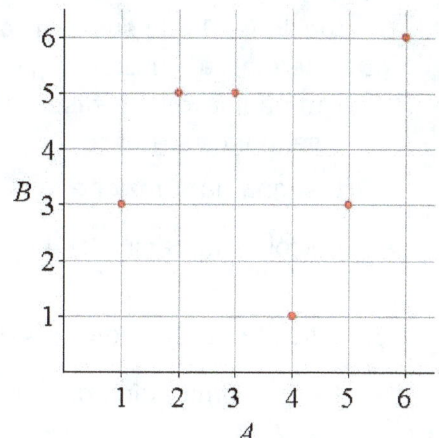

39. Determina l'immagine di a e la controimmagine di 1 per la funzione disegnata sotto.

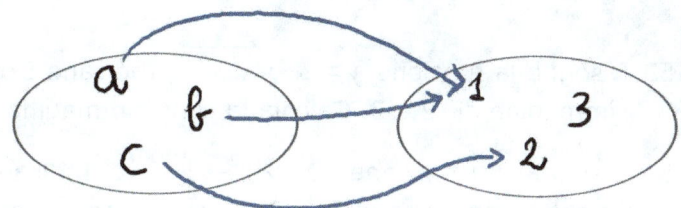

40. Determina l'immagine di a e la controimmagine di 3 per la funzione

    $f: A \rightarrow B$
    $a \mapsto 1$
    $b \mapsto 2$
    $c \mapsto 3$
    $d \mapsto 3$

41. Determina l'immagine di $\dfrac{4}{3}\pi$ per la funzione $y=\text{sen}x$.

42. Determina l'immagine di $\dfrac{5}{6}\pi$ per la funzione $y=\cos x$.

43. Determina l'immagine di $\dfrac{11}{6}\pi$ per la funzione $y=\tan x$.

44. Determina l'immagine di 0,5 per $y=\text{sen}x$. Rappresentala graficamente.

45. Determina la controimmagine di 0,5 per $y=\text{sen}x$. Rappresentala graficamente.

46. Determina la controimmagine di $-\dfrac{1}{3}$ per la funzione $y=\cos x$.

47. Determina la controimmagine di $-\dfrac{1}{4}$ per la funzione $y=\text{sen}x$.

48. Calcola la controimmagine di 3 per la funzione $y=\tan x$. Disegna poi la funzione, 3 e la sua controimmagine.

49. Disegna la funzione $f(x)=2^x$ e indicane dominio e codominio. Calcola l'immagine di 3 e disegnala sul grafico. Calcola la controimmagine di 1 e disegnala sul grafico.

50. Disegna la funzione $y=-2+\sqrt{2x^2+1}$. Indicane Dominio e codominio. Calcola l'immagine di 4 e -1. Calcola la controimmagine di 0, -2, $\dfrac{1}{4}$.

51. Disegna la funzione $y=-2+\sqrt{2x^2-1}$. Indicane Dominio e codominio. Calcola l'immagine di -2 e 1. Calcola la controimmagine di 0, -1, $\dfrac{3}{2}$.

52. Disegna la funzione $y=1+\sqrt{-x^2+4}$. Indicane Dominio e codominio. Calcola l'immagine di 4 e -1. Calcola la controimmagine di 0, 5, $\dfrac{5}{4}$.

53. Disegna la funzione $y=2-\sqrt{x^2-2}$. Indicane Dominio e codominio. Calcola l'immagine di -2 e 2. Calcola la controimmagine di 0, -4, 4.

54. Disegna la funzione $y=2|x^2-2|+2x$. Indicane Dominio e codominio. Calcola l'immagine di 4 e -2. Calcola la controimmagine di 0, -1, 2.

Rappresenta graficamente le seguenti **funzioni definite a pezzi.** Di ognuna stabilisci Dominio e Codominio. Calcola immagine e controimmagine dei dati indicati.

55. $f(x)=\begin{cases} x+3 & se\,x\leq -1 \\ x^2+1 & se-1<x<1 \\ 2 & se\,x\geq 1 \end{cases}$

Calcola l'immagine di -1, 0 e 2 e la controimmagine di 1 e 4.

56. $f(x)=\begin{cases} -x & se\,x\leq -1 \\ x^2+2 & se-1<x\leq 1 \\ 2x+1 & se\,x>1 \end{cases}$

Calcola l'immagine di -1, 0 e 2 e la controimmagine di 1 4 e $\dfrac{5}{2}$.

57. $f(x)=\begin{cases} e^x & se\,x\leq 0 \\ x^2+1 & se\,0<x<1 \\ 2 & se\,x\geq 1 \end{cases}$

Calcola l'immagine di -1, 0 e 2 e la controimmagine di 1 e $\dfrac{5}{2}$.

58. $f(x) = \begin{cases} e^x & se\ x > 0 \\ \sqrt{1-x} & se\ x \le 0 \end{cases}$

Calcola l'immagine di -1, 0 e 2 e la controimmagine di 1 e di $\frac{1}{2}$.

59. $f(x) = \begin{cases} 2^x & se\ x < 1 \\ \sqrt{8+x} & se\ x \ge 1 \end{cases}$

Calcola l'immagine di -1, 0 e 2 e la controimmagine di 1 e di 4.

60. Disegna la funzione $\quad f(x) = \begin{cases} \sqrt{2x+1} & se\ x \ge -\dfrac{1}{2} \\ 4x^2 - x - \dfrac{3}{2} & se\ x < -\dfrac{1}{2} \end{cases}$. Indicane Dominio e

codominio. Calcola l'immagine di 1 e la controimmagine di 3.

61. Scrivi l'equazione della funzione disegnata sotto

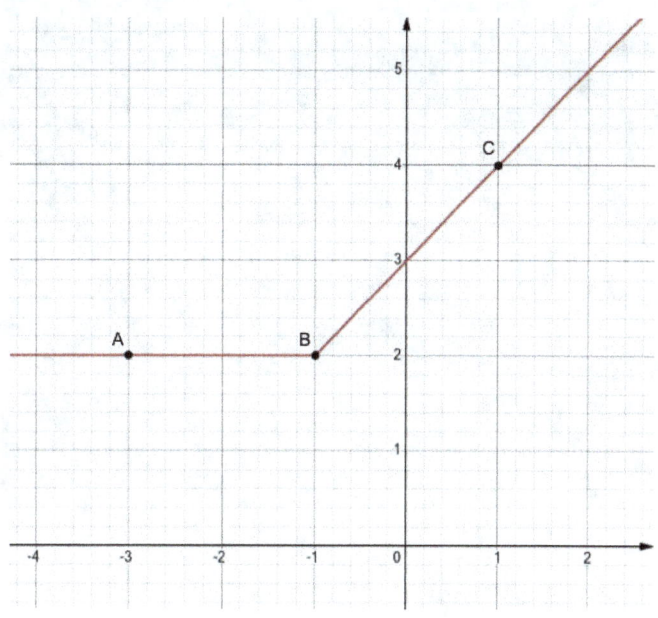

62. Determina l'immagine di 5, la controimmagine di 2 e la controimmagine di 2,5 per la funzione $y = floor(x)$.

Capitolo F3 – Proprietà

F31–Funzioni periodiche

F31-1-Definizione

Le funzioni goniometriche appena descritte sono semplici esempi di funzioni periodiche.

Una funzione è periodica di periodo T se T è il minimo valore per cui accade che $f(x+T)=f(x)$.

Determinare il periodo di una funzione non è sempre facile. Si procede per tentativi e si verifica la relazione appena indicata.

Per esempio sappiamo che $y=sen(x)$ è periodica di periodo 2π.

Infatti $sen(x+2\pi)=sen(x)$.

Attenzione però che non basta l'uguaglianza $f(x+T)=f(x)$ a decretare che T è il periodo di $f(x)$. Se infatti consideriamo $y=sen(2x)$ e proviamo $T=2\pi$ è vero che $sen(2(x+2\pi))=sen(2x+4\pi)=sen(2x)$, ma 2π non è il periodo. Infatti il periodo in questo caso è π. Con l'uguaglianza $f(x+T)=f(x)$ possiamo solo individuare un multiplo del periodo. Sarà il periodo solo se si tratta del minimo valore che soddisfa l'uguaglianza.

Diamo un paio di esempi di funzioni periodiche che non sono funzioni goniometriche, anche se in questo testo non verranno usate. Esse però hanno un'applicazione pratica notevole in molti campi.

Consideriamo la funzione mantissa che si definisce come $y=mant(x)=x-floor(x)$. Per un numero positivo, la funzione associa a ogni numero la sua parte decimale. Per un numero negativo abbiamo invece il complemento a 1 della parte decimale. Per esempio a -0,9 corrisponde 0,1; a -2,4 corrisponde 0,6.

Dunque a 1,2 corrisponde 0,2, a $\dfrac{1}{3}$

corrisponde $0,\overline{3}$, a 3 corrisponde 0 come a tutti i numeri interi, a -5,2 corrisponde 0,8...

Tracciando il grafico, si nota che è una funzione periodica.

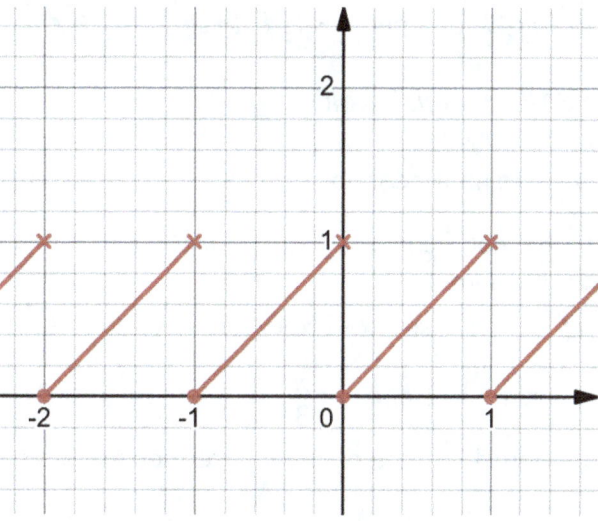

Le funzioni periodiche possono essere anche inventate.

Si prende un pezzo di funzione e lo si riproduce all'infinito a destra e a sinistra.

Per esempio consideriamo la parabola $y=1-x^2$ tra -1 e 1 e la riproduciamo:

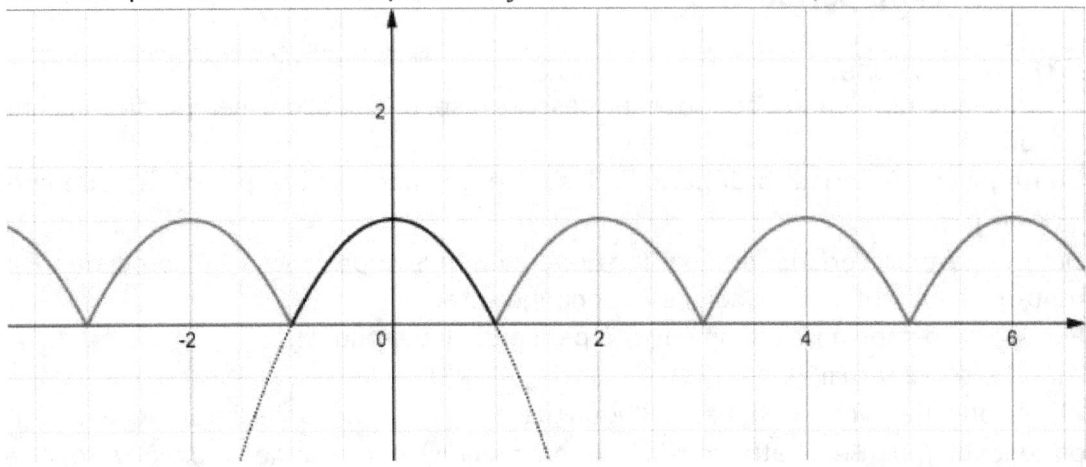

Per descriverla attraverso un'equazione dovremmo usare la formula della funzione definita a pezzi, ma per infiniti pezzi. Fortunatamente essi si assomigliano ed è pertanto possibile descriverle tale funzione con un'unica espressione.

$y=1-x^2$ per $-1 \leq x < 1$

$y=1-(x-2)^2$ per $-1+2 \leq x < 1+2$

$y=1-(x-4)^2$ per $-1+4 \leq x < 1+4$

...

$y=1-(x-2k)^2$ per $-1+2k \leq x < 1+2k$

che vale anche andando indietro se k è negativo; per esempio

$y=1-(x+2)^2$ per $-1-2 \leq x < 1-2$ $(k=-1)$

$y=1-(x+4)^2$ per $-1-4 \leq x < 1-4$ $(k=-2)$

Pertanto l'espressione dell'equazione è data da:

$y=1-(1-2k)^2$ per $-1+2k \leq x < 1+2k$ $k \in \mathbb{Z}$.

F31-2-Esercizi svolti
Esempio 1

Determina il periodo di $f(x)=\text{sen}(x)+2\tan\left(2x+\dfrac{\pi}{3}\right)$.

La funzione contiene sen(x) e tan(x) per cui il periodo potrebbe essere 2π.

Verifichiamolo.

$$f(x+2\pi)=\text{sen}(x+2\pi)+2\tan\left(2(x+2\pi)+\frac{\pi}{3}\right)=\text{sen}(x)+2\tan\left(2x+4\pi+\frac{\pi}{3}\right)=$$

$$=\text{sen}(x)+2\tan\left(2x+\frac{\pi}{3}\right)$$

Se non si ha idea di che valore mettere si usa il generico T:

$$f(x+T)=\text{sen}(x+T)+2\tan\left(2(x+T)+\frac{\pi}{3}\right)=\text{sen}(x)+2\tan\left(2x+2T+\frac{\pi}{3}\right)$$

per sen(x) si deve mettere $T=2\pi$, mentre per tan(2x) basterebbe $\dfrac{\pi}{2}$; va dunque

preso il valore maggiore.

Già da questo esempio si può notare che il valore del periodo va ipotizzato e non c'è un calcolo da fare a priori per ricavarlo. Applicando la formula $f(x+T)=f(x)$ si può verificare che la traccia di $f(x)$ si ripete ogni T, ma non è detto che questo sia la minima lunghezza del modulo con cui si ripete il grafico.

Esempio 2
Determina se la funzione $y=x\text{sen}(x)$ è periodica e in caso affermativo determinane il periodo.
$f(x+T) = (x+T)\,\text{sen}(x+T)$
Per sen(x) ci vorrebbe $T= 2\pi$, ma per il primo $x+T$ non c'è nessun T possibile da sostituire: la funzione non è periodica.

Esempio 3
Scrivi l'espressione analitica della funzione periodica costruita ripetendo la retta $y=-2x-1$ nell'intervallo [0,1).

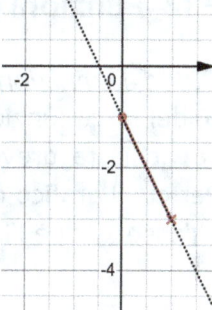

Il modulo da ripetere ha questa rappresentazione grafica.
Il segmento con l'estremo destro mancante va ripetuto sia a destra che a sinistra infinite volte.
Si tratta di porzioni di rette tutte parallele tra loro. Esse variano solamente per il coefficiente numerico q.

Procedendo verso destra le rette sono
$y=-2x+1$ per $x \in [1,2)$
$y=-2x+3$ per $x \in [2,3)$
$y=-2x+5$ per $x \in [3,4)$
....
$y=-2x+2n-1$ per $x \in [n,n+1)$ che vale anche se si procede verso sinistra

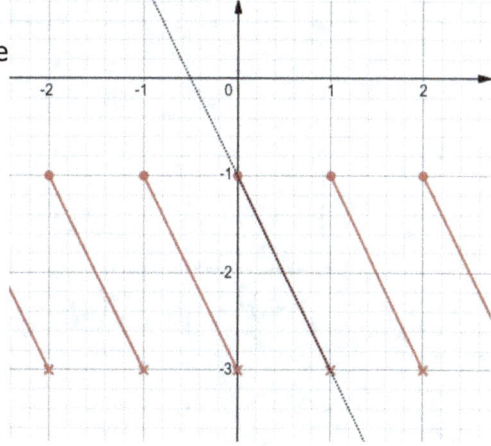

F31-3-Esercizi

Indica se le seguenti funzioni sono periodiche. Nel caso lo fossero, calcola il periodo.

1. $y=x\,sen(x)$
2. $y=\cos(2x)$
3. $y=\tan(2x)$
4. $y=\tan(3x)+2sen(x)$
5. $y=sen(x)\cos(x)$
6. $y=sen(x)+\tan(x)$
7. $y=e^x+\tan(x)$
8. $y=2\cos^2(x)$

9. Scrivi l'espressione analitica della funzione periodica costruita ripetendo la retta $y=2x+1$ nell'intervallo *[0,1]*.
10. Scrivi l'espressione analitica della funzione periodica ottenuta ripetendo la coppia di segmenti (privi dell'estremo destro) ottenuti con *y=1* per *x ∈ [0,1)* e *y=-1* per *x ∈ [-1,0)*.

F32–Funzioni pari e dispari

F32-1-Definizione

Si definisce funzione pari una funzione per cui *f(-x) = f(x)*.

La richiesta prevede che un dato *x* e il suo opposto assumano lo stesso valore, Per cui il grafico della funzione avrà i due punti *(x,f(x))* e *(-x,f(x))* simmetrici rispetto all'asse x, cioè l'intero grafico apparirà simmetrico rispetto all'asse *y*.

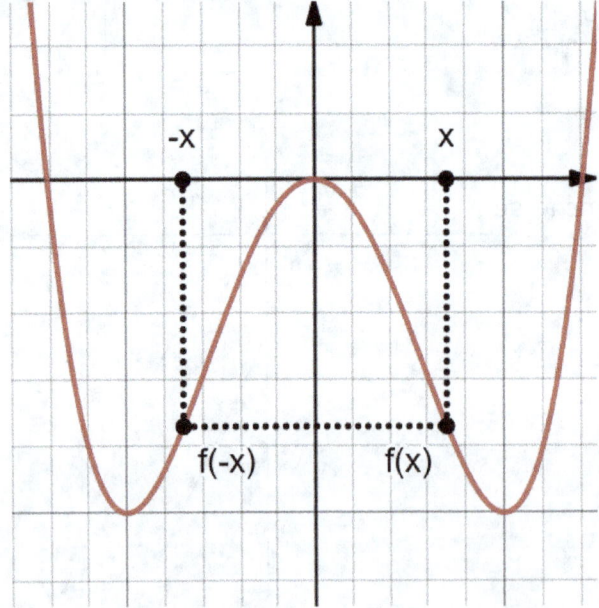

Per una funzione dispari è $f(-x)=-f(x)$.

Osservando il grafico, per questa condizione, ci sarà una simmetria rispetto all'origine degli assi.

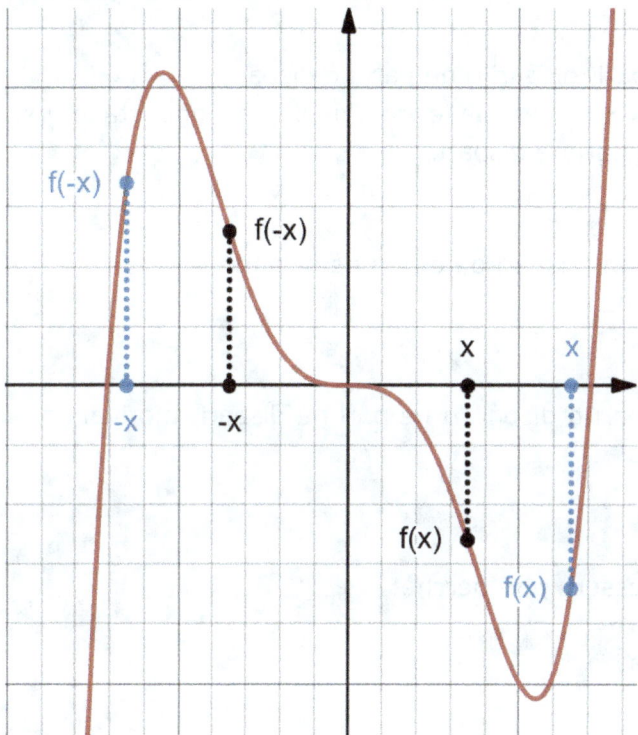

Ovviamente non esistono funzioni simmetriche rispetto all'asse x.

I nomi pari e dispari non sono stati scelti a caso; una spiegazione semplice a questi nomi è dato dal fatto che se si considerano funzioni polinomiali che contengono solo esponenti pari, avremo una funzione pari, mentre se ci sono solo esponenti dispari avremo funzioni dispari. La motivazione del nome pari e dispari risulterà ancora più chiara per chi affronterà in seguito le approssimazioni polinomiali di funzioni.

F32-2-Esercizi svolti
Esempio 1

Indica se la funzione $\quad y=\dfrac{x^2-1}{x^2+x}\quad$ è pari o dispari o né pari né dispari.

$$f(-x)=\frac{(-x)^2-1}{(-x)^2+(-x)}=\frac{x^2-1}{x^2-x}\quad : \text{ non è né pari né dispari.}$$

Esempio 2

Indica se la funzione $\quad y=\dfrac{x^2\cos x}{x^3+x}\quad$ è pari o dispari o né pari né dispari.

$$f(-x)=\frac{(-x)^2\cos(-x)}{(-x)^3+(-x)}=\frac{x^2\cos x}{-x^3-x}=-\frac{x^2\cos x}{x^3+x}=-f(x) \quad : \text{é dispari.}$$

Esempio 3

Indica se la funzione $y=x^3+x^4+1$ è pari, dispari o nè pari nè dispari.

Calcoliamo $f(-x)=(-x)^3+(-x)^4+1=-x^3+x^4+1$ che non è nè uguale, nè opposta a $f(x)$. Pertanto questa funzione non è nè pari nè dispari.

Esempio 4

Indica se la funzione $y=x\,\text{sen}(x)$ è pari, dispari o nè pari nè dispari.

$f(-x)=(-x)\text{sen}(-x)=-x(-\text{sen}(x))=x\,\text{sen}x$ è pari.

Esempio 5

Indica se la seguente funzione è pari o dispari o né pari né dispari, motivando la risposta:

$$y=\sqrt[3]{\frac{x^2-2}{x^2+1}}$$

In questo caso la funzione risulta essere pari perchè:

$$f(-x)=\sqrt[3]{\frac{(-x)^2-2}{(-x)^2+1}}=\sqrt[3]{\frac{(x)^2-2}{(x)^2+1}}=f(x)$$

Esempio 6

Indica se la seguente funzione è pari o dispari o né pari né dispari, motivando la risposta:

$$y=\sqrt{\frac{x^2+2}{x+1}}$$

In questo caso la funzione risulta essere ne' dispari ne' pari perchè:

$$f(-x)=\sqrt{\frac{(-x)^2+2}{-x+1}}=\sqrt{\frac{x^2+2}{-x+1}}$$

Esempio 7

Indica se la seguente funzione è pari o dispari o né pari né dispari, motivando la risposta: $y = x\cos(x)$

$f(-x) = -x\cos(-x)=-x\cos(x)$: è dispari

Esempio 8

Indica se la seguente funzione è pari o dispari o né pari né dispari, motivando la risposta: $y = x^2\cos(x)$

In questo caso la funzione risulta essere pari perchè: $f(-x)=(-x)^2\cos(-x)=x^2\cos(x)$

Esempio 9

Indica se la seguente funzione è pari o dispari o né pari né dispari, motivando la risposta: $y=x^2 \text{sen} x$

In questo caso la funzione risulta essere dispari perché:

$f(-x) = ((-x)^2 \, \text{sen}(-x) = x^2(-\text{sen}(x)) = -x^2 \, \text{sen}(x) = -f(x)$

F32-3-Esercizi

Indica se le seguenti funzioni sono pari o dispari o né pari né dispari, motivando la risposta:

11. $y=\sqrt[3]{\dfrac{x^2-2}{x+1}}$

12. $y=x\cos^2 x$

13. $y=x^2\cos(2x)$

14. $y=(x^2+x)\text{sen} x$

15. $y=x^2\text{sen} x^2$

16. $y=x\tan(x)$

17. $y=1-2x-x^3$

18. $y=x^4-2x^2+x$

19. $y=x-x^3$

20. $y=\sqrt{\dfrac{x^2-2}{x^3+x}}$

21. Se $f(x)$ e $g(x)$ sono funzioni pari, $f(x)+g(x)$ è pari? E $f(x)\cdot g(x)$? Spiega perché. Fornisci un esempio inventando due funzioni pari e applicando le tue deduzioni.

22. Se $f(x)$ e $g(x)$ sono funzioni dispari, $f(x)+g(x)$ è dispari? E $f(x)\cdot g(x)$? Spiega perché. Fornisci un esempio inventando due funzioni dispari e applicando le tue deduzioni.

F33–Funzioni monotòne

F33-1-Definizione

Una funzione $f(x)$ si dice monotòna crescente se data una qualunque coppia $x_1<x_2$ si ha $f(x_1) < f(x_2)$. In questo caso il grafico della funzione "sale".

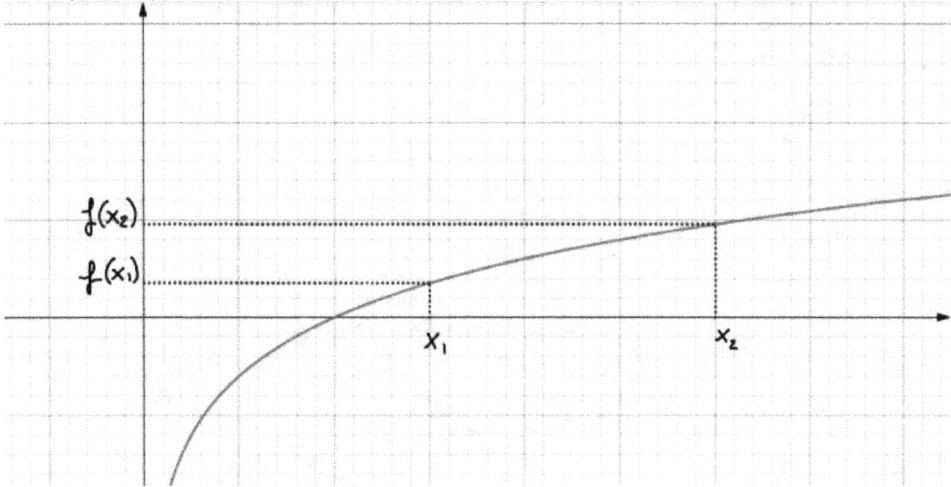

Le funzioni esponenziali con base maggiore di 1 sono funzioni crescenti.

Una funzione $f(x)$ si dice monotòna decrescente se data una qualunque coppia $x_1 < x_2$ si ha $f(x_1) > f(x_2)$. In questo caso il grafico della funzione "scende".

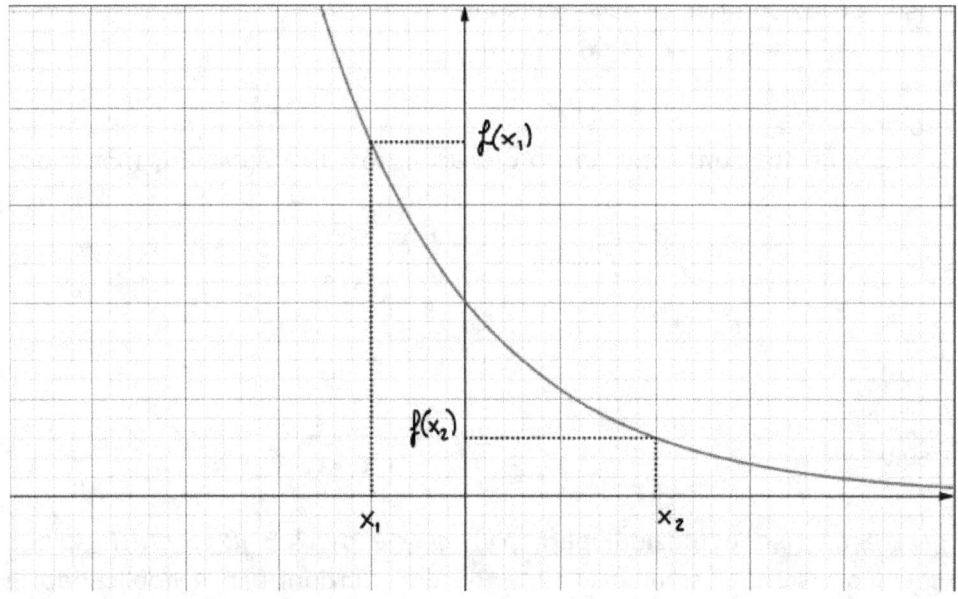

Le funzioni esponenziali con base minore di 1 sono funzioni crescenti. Anche le rette con m negativo sono decrescenti.

Una funzione $f(x)$ si dice monotòna non decrescente se data una qualunque coppia $x_1 < x_2$ si ha $f(x_1) \leq f(x_2)$. Differisce dalle funzioni crescenti perché la funzione potrebbe anche essere costante, per ogni valore di x oppure per un solo tratto.

Analogamente una funzione $f(x)$ si dice monotona non crescente se data una qualunque coppia $x_1 < x_2$ si ha $f(x_1) \geq f(x_2)$.

Per esempio nel grafico qui a fianco è rappresentata la funzione

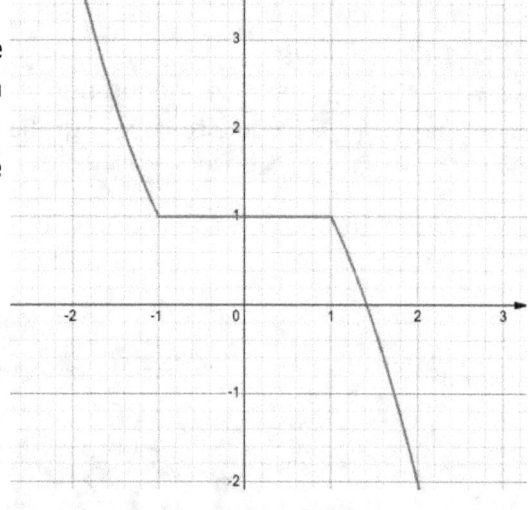

$$f(x) = \begin{cases} x^2 & se\ x \leq -1 \\ 1 & se -1 < x < 1 \\ -x^2 + 2 & se\ x \geq 1 \end{cases}$$

che è monotona non crescente.

F33-2-Esercizi svolti

Esempio1
Osserva il grafico a fianco e indica dominio, codominio e l'intervallo o gli intervalli in cui la funzione è crescente.

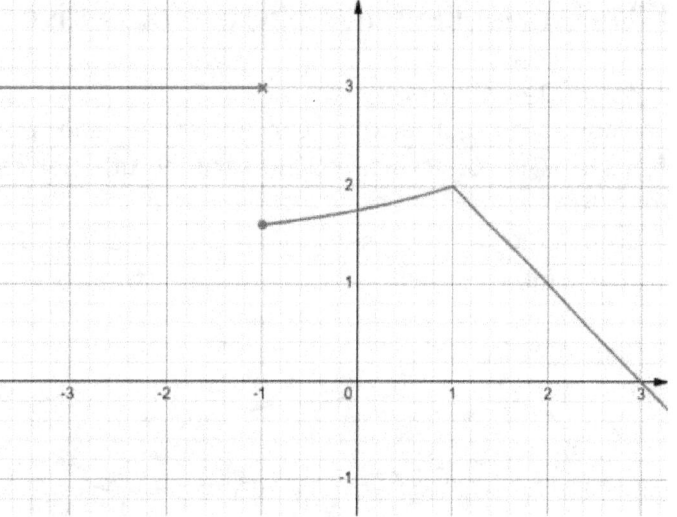

Dominio: $\mathbb{R}$

Codominio: $(-\infty;2]\cup\{3\}$

Intervallo in cui la funzione è crescente:.[1;4]

Esempio2
Indica gli intervalli in cui la funzione $y=\text{sen}(x)$ è crescente.

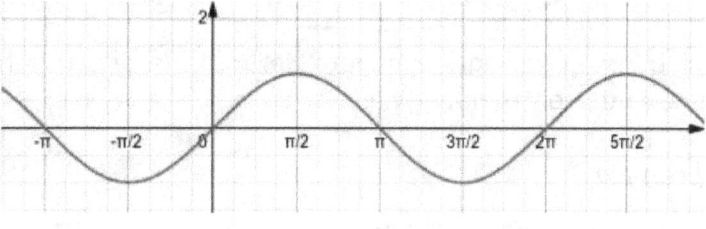

La funzione $y=\text{sen}(x)$ cresce nell'intervallo $\left[-\dfrac{\pi}{2},\dfrac{\pi}{2}\right]$ e

in tutti gli altri intervalli con periodicità 2π. Possiamo dunque scrivere che cresce

per $-\dfrac{\pi}{2}+2k\pi<x<\dfrac{\pi}{2}+2k\pi$.

F33-3-Esercizi
Indica in quali intervalli le seguenti funzioni sono crescenti

23. $f(x)=\cos(x)$
24. $f(x)=x^2-4x+1$
25. $f(x)=x^4-2x^2-1$ il cui grafico è in figura.

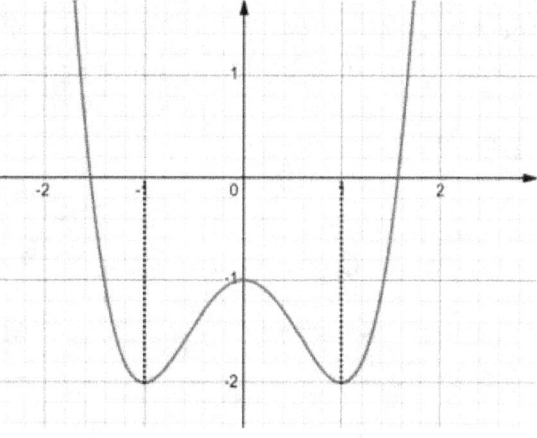

26. Indica tutte le funzioni strettamente crescenti di tua conoscenza.

F34–Funzioni iniettive biiettive suriettive

F33-1-Definizione

Introduciamo qui alcune caratteristiche che possono essere possedute dalle funzioni. Queste caratteristiche saranno utili per capire come costruire la funzione inversa.

Riprendiamo la rappresentazione grafica di una funzione osservando gli elementi dell'insieme di arrivo.

Esempio 1

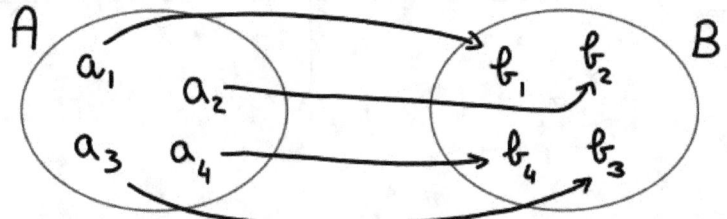

In questo caso ogni elemento dell'insieme di arrivo ha esattamente un elemento che fa da controimmagine.

Esempio 2

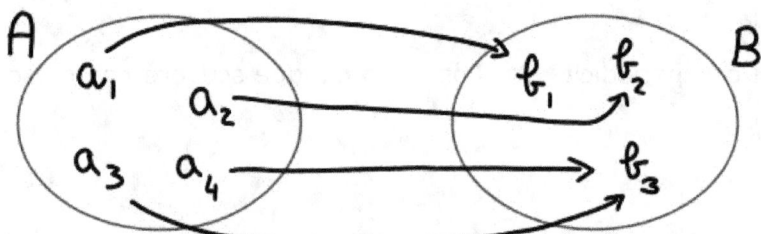

Anche qui ogni elemento dell'insieme di arrivo ha una controimmagine, ma nel caso dell'elemento b_3, la controimmagine è un insieme di due elementi.

Esempio 3

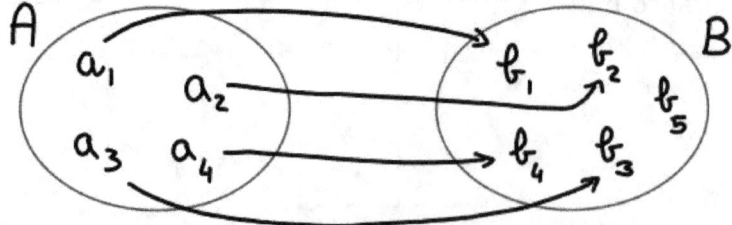

In questo terzo esempio ogni elemento dell'insieme di arrivo, se ha controimmagine, ce l'ha formata da un unico elemento.

Diamo ora le definizioni preannunciate.

Data una funzioni $f : A \to B$, si dice che è

iniettiva   se per ogni $y \in B$, $f^{-1}(y)$ è formata **al più** da un elemento
suriettiva   se per ogni $y \in B$, $f^{-1}(y)$ è formata **almeno** da un elemento
biiettiva   se per ogni $y \in B$, $f^{-1}(y)$ è formata **esattamente** da un elemento.

Si può osservare che

• una funzione biiettiva è una funzione contemporaneamente iniettiva e suriettiva
• in una funzione suriettiva l'insieme di arrivo coincide con il codominio
• esistono funzioni né iniettive, né suriettive, né biiettive.

Esempio 4

$$f : \mathbb{R} \to \mathbb{R}$$
$$x \mapsto 2x - 1$$

ovvero $y=2x-1$ è una funzione biiettiva; lo si può capire anche dal grafico. Si immagini di avere una retta orizzontale del tipo $y=k$. Al variare di k, la retta scorre per tutto il piano cartesiano, intercetta **sempre** la retta $y=2x-1$ e la intercetta **in un unico punto.**

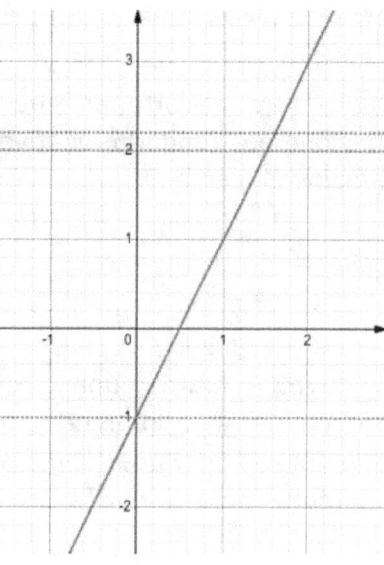

Esempio 5

$$f : \mathbb{R} \to \mathbb{R}$$
$$x \mapsto 2x^2 - 1$$

ovvero $y=2x^2-1$.
Non è una funzione né iniettiva né suriettiva e pertanto nemmeno biiettiva. Infatti utilizzando la tecnica descritta nell'esempio precedente, una retta orizzontale del tipo y=k, in alcuni casi intercetta la curva in 2 punti, in un unico caso in un punto solo (vertice della parabola) e in alcuni casi in nessun punto.

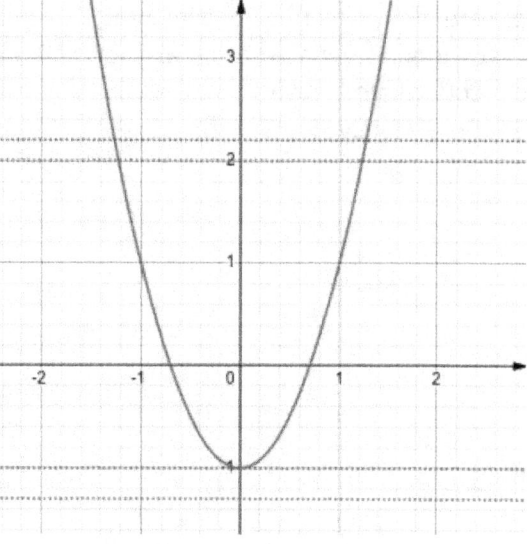

73

Consideriamo la stessa funzione, ma con un diverso insieme di arrivo:

$$f:\mathbb{R} \rightarrow [-1,+\infty)$$
$$x \mapsto 2x^2-1$$

Abbiamo una funzione suriettiva. Dunque osserviamo che queste proprietà non dipendono esclusivamente dalla funzione, ma sono anche da considerare insieme di partenza e insieme di arrivo.

Si può notare che una qualsiasi funzione può essere resa suriettiva restringendo l'insieme di arrivo al codominio.

Ci si può dunque spingere più oltre restringendo opportunamente anche il dominio in modo da avere una funzione biiettiva. Per esempio in questo caso basta definire la funzione:

$$f:[-1,+\infty) \rightarrow [-1,+\infty)$$ perché sia biiettiva.
$$x \mapsto 2x^2-1$$

Restringere opportunamente insieme di partenza e insieme di arrivo di una funzione per renderla biiettiva sarà molto utile quando affronteremo l'argomento 'funzione inversa'.

Esempio 6

$$f:\mathbb{R} \rightarrow \mathbb{R}$$ è funzione
$$x \mapsto e^x$$

iniettiva. Infatti una retta orizzontale $y=k$ intercetta una sola volta la curva per $k>0$ e non intercetta la curva per $k \leq 0$.

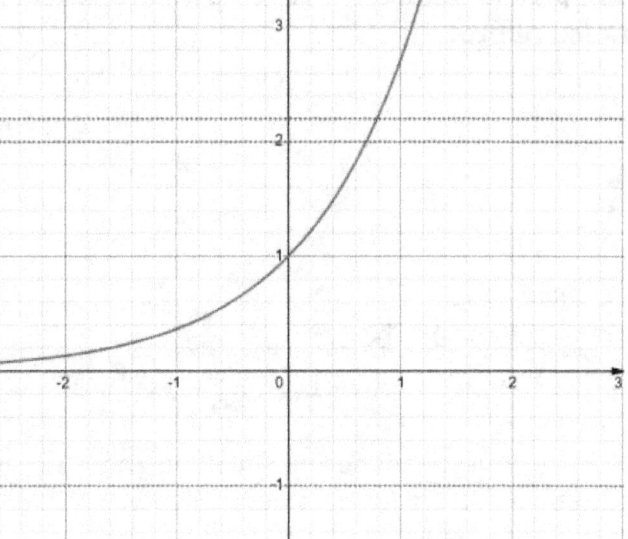

Anche questa funzione può essere resa biiettiva, restringendo l'insieme di arrivo al codominio, cioè rendendola anche suriettiva:

$$f:\mathbb{R} \rightarrow (0,+\infty)$$
$$x \mapsto e^x$$

F34-2-Esercizi svolti
Esempio 1

La funzione $y=sen(x)$ è iniettiva, biiettiva o suriettiva?

Per rispondere a questa domanda bisogna sapere quali insieme di partenza di arrivo stiamo considerando.

Se non viene indicato si suppone che entrambi siano $\mathbb{R}$. In questo caso la funzione non è né iniettiva né suriettiva e pertanto nemmeno biiettiva.

Se invece la funzione va da $\mathbb{R}$ in [-1,1] la funzione è suriettiva.

Se ancora si prende come insieme di partenza $\left[-\dfrac{\pi}{2},\dfrac{\pi}{2}\right]$ e come insieme di arrivo

[1,1] la funzione è biiettiva, perchè la corrispondenza è 1:1.

Esempio 2

Indica se le seguenti funzioni sono iniettive, biiettive o suriettive.

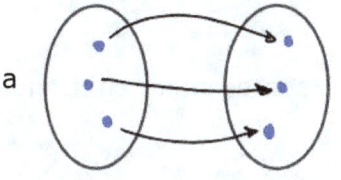 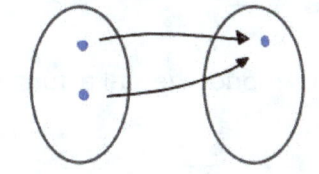 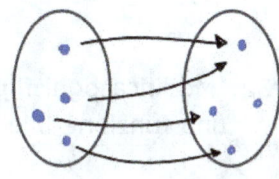

a   b   c

a. è biiettiva perchè a ogni elemento dell'insieme di arrivo corrisponde esattamente una controimmagine

b. è suriettiva perchè a ogni elemento dell'insieme di arrivo (che in questo caso è uno solo) corrisponde almeno un elemento dell'insieme di partenza (in questo caso tutti).

c. Non è nè iniettiva (perchè esiste un elemento dell'insieme di arrivo che ha due corrispondenti nell'insieme di partenza) nè suriettiva (perchè esiste un elemento dell'insieme di arrivo a cui non corrisponde nessun elemento dell'insieme di partenza).

F34-3-Esercizi

27. Restringere opportunamente insieme di partenza e insieme di arrivo della funzione $y=4x-x^2$ affinché la funzione risulti suriettiva.

28. Restringere opportunamente insieme di partenza e insieme di arrivo della funzione $y=\tan(x)$ affinché la funzione risulti suriettiva.

29. Dire se la funzione $y=\sqrt[3]{x-1}$ è iniettiva, biiettiva, suriettiva.

30. La funzione $n(x):\mathbb{N} \rightarrow \mathbb{N}$ che associa a ogni numero naturale il suo doppio è iniettiva, biiettiva o suriettiva?

31. Indica se le seguenti funzioni sono iniettive biiettive o suriettive.

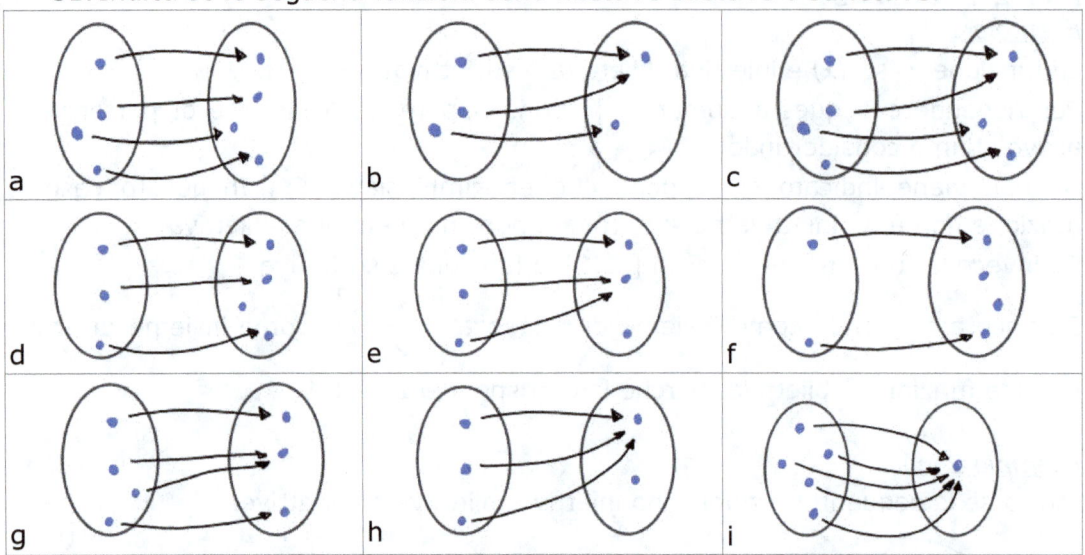

32. Modifica ogni figura in modo che dalla funzione rappresentata si ottenga una funzione biiettiva.

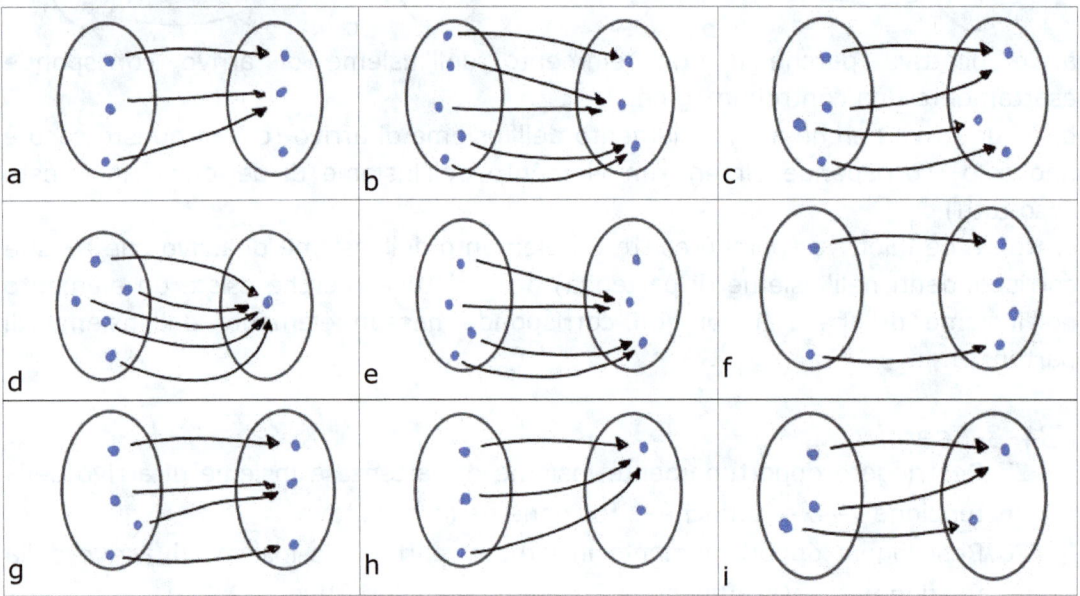

33. Tra le seguenti funzioni, rappresentate con diagramma cartesiano, due non sono iniettive. Quali?

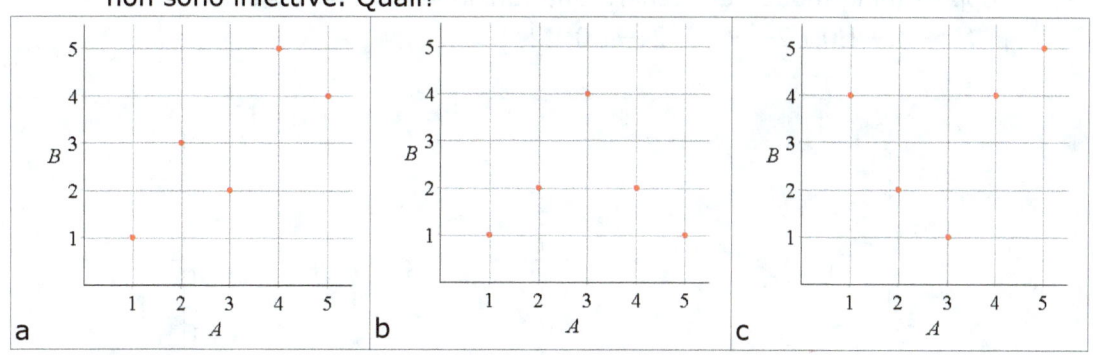

34. Riconosci le funzioni biiettive tra quelle rappresentate nei seguenti diagrammi cartesiani.

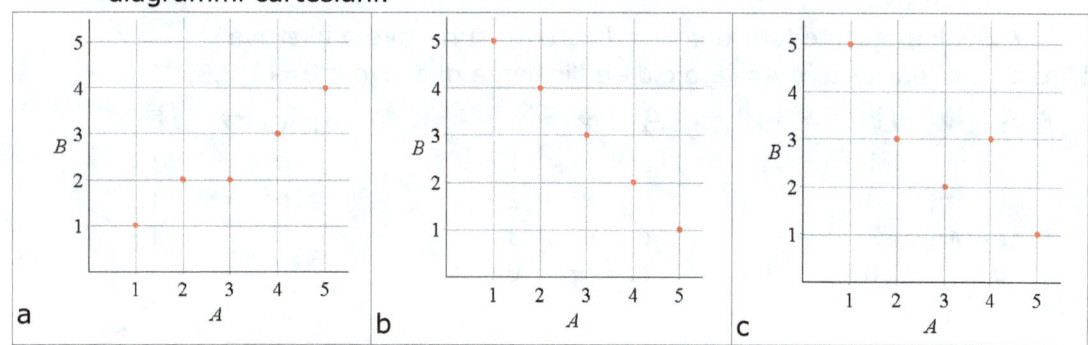

35. Elimina dagli insiemi di partenza e di arrivo gli elementi che ritieni opportuni in modo da ottenere una funzione suriettiva.

$$f : \{-2, -1, 0, 1, 2\} \rightarrow \{-2, -1, 0, 1, 2\}$$

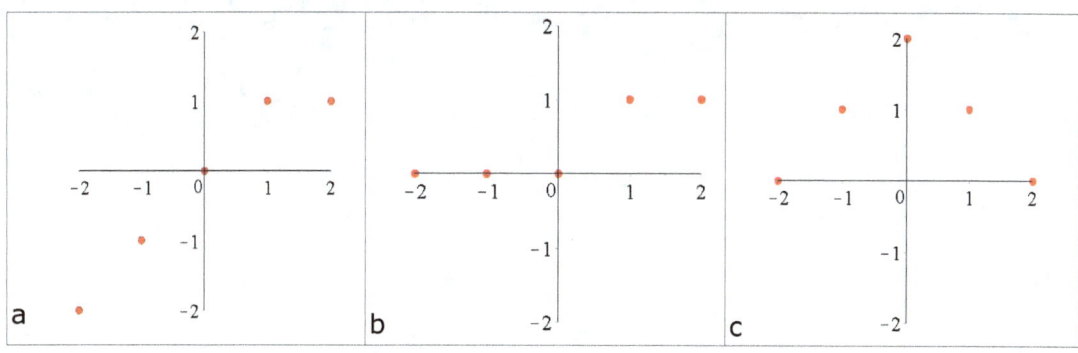

36. Elimina dagli insiemi di partenza e di arrivo gli elementi che ritieni opportuni in modo da ottenere una funzione biiettiva.

$$f: \left[-2,-1,0,1,2\right] \rightarrow \left[-2,-1,0,1,2\right]$$

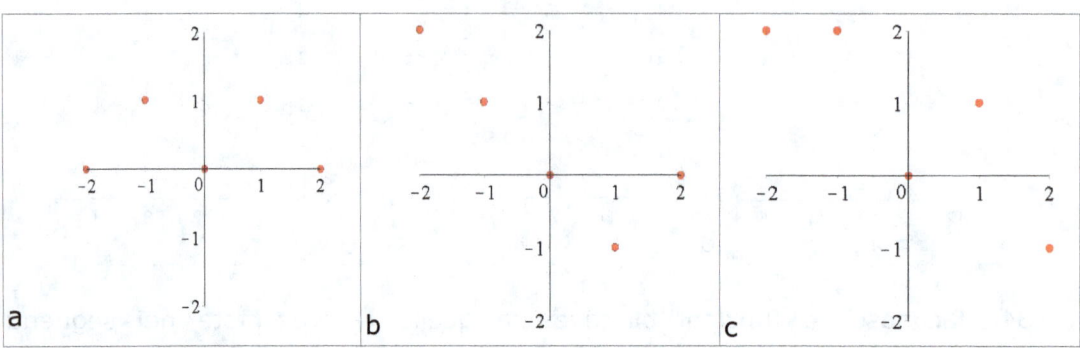

a   b   c

37. Quali di queste funzioni sono iniettive, suriettive o biiettive?

L'insieme di partenza è A={a,b,c,d} e l'insieme di arrivo è B={1,2,3,4,5,6}

$f: A \rightarrow B$		$g: A \rightarrow B$		$h: A \rightarrow B$	
a	$\mapsto$ 1	a	$\mapsto$ 1	a	$\mapsto$ 1
b	$\mapsto$ 3	b	$\mapsto$ 2	b	$\mapsto$ 1
c	$\mapsto$ 3	c	$\mapsto$ 3	c	$\mapsto$ 1
d	$\mapsto$ 6	d	$\mapsto$ 6	d	$\mapsto$ 1

Se queste funzioni non sono biiettive restringi opportunamente insieme di partenza e di arrivo in modo che lo diventino.

78

Capitolo F4 – Funzioni invertibili

F41–Introduzione

Vediamo ora di precisare il concetto di funzione inversa. Chiediamoci innanzitutto che cosa significa invertire una funzione e in secondo luogo se ciò è sempre possibile.

Riprendiamo la rappresentazione tramite insiemi delle funzioni e osserviamo che cosa succede se consideriamo B insieme di partenza, A insieme di arrivo e descriviamo la funzione f con le frecce che cambiano direzione (da B verso A).

Esempio 1

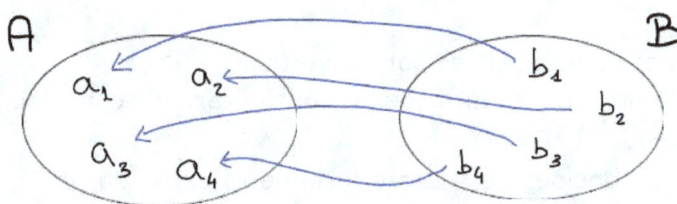

In questo caso otteniamo una nuova funzione, detta funzione inversa.

Data una funzione non è sempre possibile ottenere la funzione inversa. Infatti se per esempio riprendiamo gli es. 6 e 7 del capitolo 1:

Esempio 2

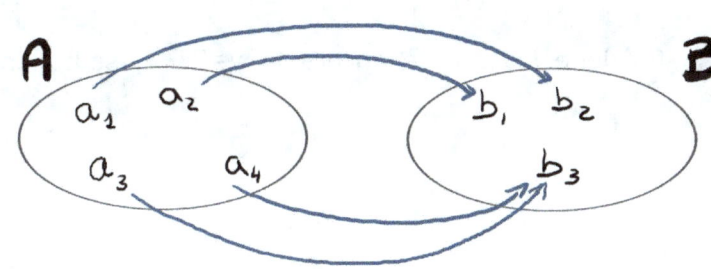

Questa funzione non è invertibile; infatti l'elemento b_3 avrebbe 2 corrispondenti.

Esempio 3

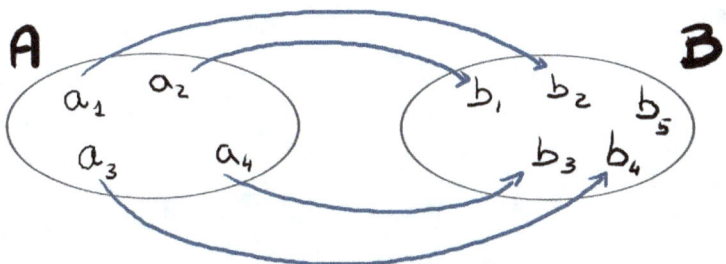

Anche questa funzione non è invertibile perché l'elemento b_5 non ha nessun elemento corrispondente.

Perché una funzione sia invertibile è necessario che ci sia una corrispondenza uno a uno tra gli elementi di A e gli elementi di B; cioè non solo a ogni elemento di A deve corrispondere uno e un solo elemento di B, ma anche a ogni elemento di B deve corrispondere uno e un solo elemento di A.

Dunque è necessario avere una funzione biiettiva per avere una funzione invertibile. Come visto nel paragrafo precedente, se una funzione non è biiettiva, possiamo restringere opportunamente insieme di partenza e insieme di arrivo per renderla tale. Nell'esempio 6 basta eliminare da A l'elemento a_3, mentre nell'esempio 7 basta eliminare da B l'elemento b_5.

F42–Invertire funzioni note

F42-1-Invertire una retta

Consideriamo ora le funzioni note e vediamo se sono invertibili.

Per retta e parabola possiamo anche fare delle considerazioni con l'aiuto dell'algebra. Invertiamo $y=2x+1$.

Invertire una funzione significa considerare B come insieme di partenza; dunque tutte le $y \in \mathbb{R}$ vanno a far parte dell'insieme di partenza, mentre tutte le $x \in \mathbb{R}$ diventano gli elementi dell'insieme di arrivo. Poiché si parte dall'insieme di partenza, dobbiamo ricavare x in funzione di y: in pratica dobbiamo invertire la formula scrivendo $x=...$

$$y=2x+1 \qquad\qquad y-1=2x \qquad\qquad x=\frac{y-1}{2}$$

questa però non è ancora la funzione inversa; è ancora la $y=2x+1$, scritta in maniera diversa.

Come abbiamo detto nel paragrafo precedente, nelle funzioni numeriche per convenzione si chiama x ogni elemento dell'insieme di partenza e y ogni elemento dell'insieme di arrivo. Perciò nella funzione inversa dobbiamo scambiare la lettera x con la lettera y :

$y=\dfrac{x-1}{2}$ è la funzione

inversa di $y=2x+1$.

Disegniamo ora la funzione e la sua inversa.

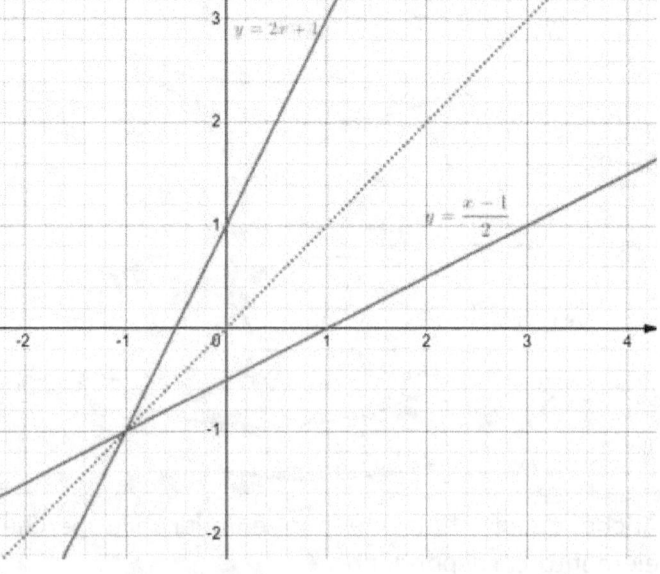

Le due rette sono simmetriche rispetto alla bisettrice del primo e terzo quadrante. Questo dipende dal fatto che per ottenere la funzione inversa abbiamo scambiato la x con la y. Si noti come due punti del piano che hanno l'ascissa e l'ordinata scambiate, sono simmetrici rispetto alla retta $y=x$.

F42-2-Invertire una parabola

Consideriamo la $y=x^2-x-2$.

Esplicitiamo la x:

$x^2-x-2-y=0$ è un'equazione di secondo grado; ricaviamone le due soluzioni:

$$x_{1,2}=\frac{-b\pm\sqrt{b^2-4\,ac}}{2\,a}=\frac{1\pm\sqrt{1-4(-2-y)}}{2}=\frac{1\pm\sqrt{9+4y}}{2}$$

Osserviamo che a una y corrispondono due x, dunque non possiamo costruire la funzione inversa di una parabola.

Possiamo però restringere opportunamente l'insieme di partenza in modo da ottenere una funzione biiettiva, che cioè abbia una corrispondenza 1:1 tra le x e le y.

Consideriamo dunque come insieme di partenza l'intervallo $\left[\frac{1}{2},+\infty\right)$, cioè 'mezza' parabola a partire dal vertice.

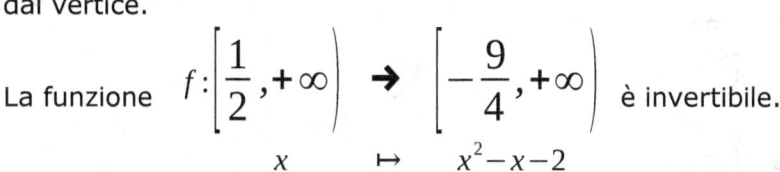

La funzione $f:\left[\frac{1}{2},+\infty\right) \rightarrow \left[-\frac{9}{4},+\infty\right)$ è invertibile.

$$x \mapsto x^2-x-2$$

In questo modo infatti considero solo una soluzione dell'equazione di secondo grado. Rispetto alla scelta della 'mezza' parabola del disegno scelgo la soluzione con segno +. Avrei potuto scegliere analogamente l'altra mezza parabola, a cui corrisponde l'intervallo $\left(-\infty,\frac{1}{2}\right]$ e la soluzione con segno - .

Dunque scegliamo $x=\frac{1+\sqrt{9+4y}}{2}$ e scambiamo la x con la y.

La funzione inversa di $y=x^2-x-2$ è $y=\dfrac{1+\sqrt{9+4x}}{2}$.

Disegniamole entrambe, ricordando che la funzione inversa è simmetrica della funzione di partenza rispetto alla retta $y=x$.

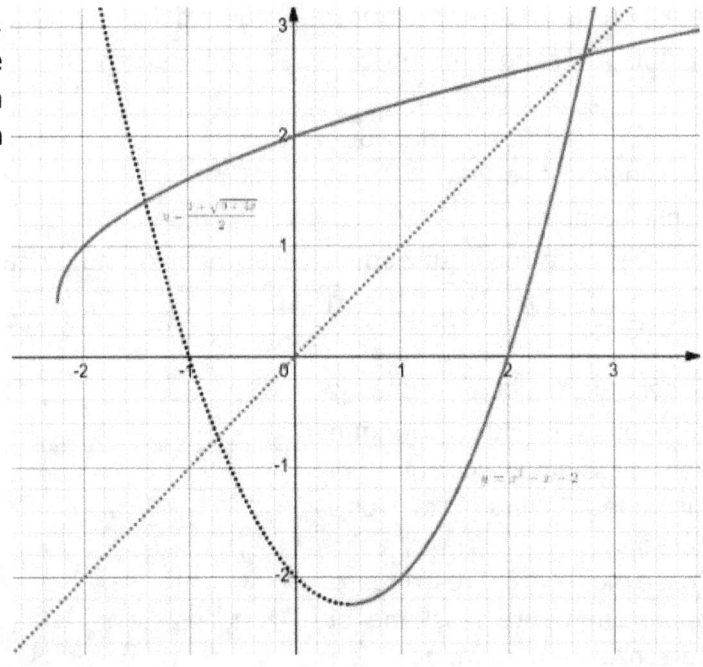

F42-3-Esponenziale e logaritmica

Consideriamo ora una funzione di tipo esponenziale $y=a^x$. Si può dire che x è l'esponente da dare ad a per ottenere y, cioè per definizione di logaritmo $y=\log_a x$. Precisiamo però come è possibile invertire la funzione $y=a^x$.

$$f:\mathbb{R} \;\rightarrow\; \mathbb{R}$$
$$x \;\mapsto\; a^x$$

è funzione iniettiva. Dunque si inverte la funzione prendendo come insieme di partenza per la funzione inversa il codominio della funzione esponenziale:

$$f^{-1}:(0,+\infty) \;\rightarrow\; \mathbb{R}$$
$$x \qquad \mapsto \quad \log_a x$$

Graficamente le due funzioni sono simmetriche rispetto alla bisettrice del I e III quadrante. In particolare in questo disegno utilizziamo $y=e^x$ e la sua inversa $y=ln(x)$.

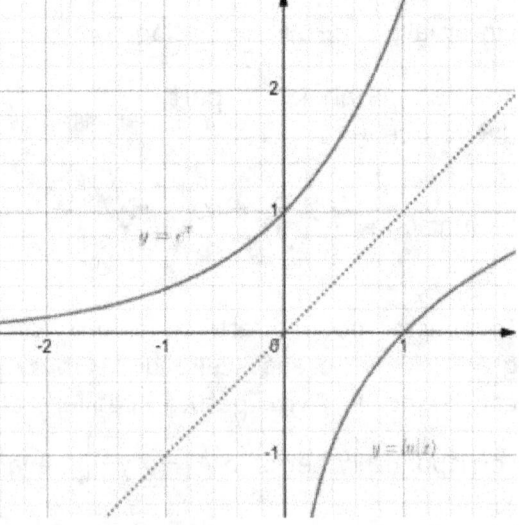

Ricordiamo che il grafico di un'esponenziale con base minore di 1 è decrescente. Così pure sarà il grafico di una funzione logaritmica con base minore di 1.

Nel grafico vengono rappresentate

$$y=\left(\frac{1}{2}\right)^x \quad \text{e} \quad y=\log_{\frac{1}{2}}(x) \quad .$$

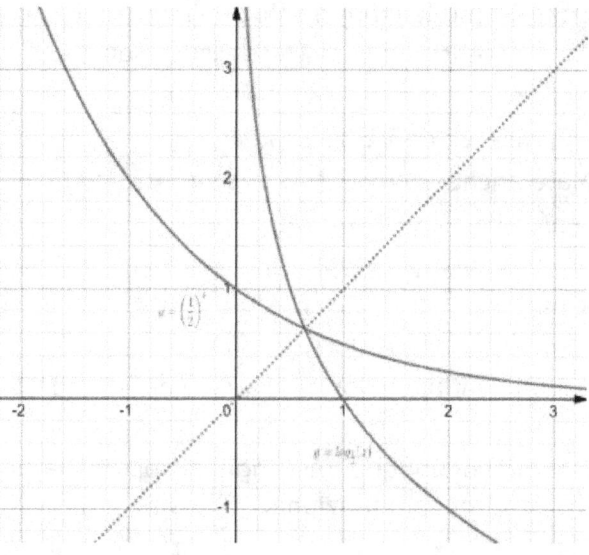

F42-4-Invertire le funzioni goniometriche

Per invertire le funzioni goniometriche non abbiamo a disposizione i calcoli algebrici. Infatti quando scriviamo per esempio $y=\text{sen}(x)$, 'sen' rappresenta l'operazione che svolgiamo sull'elemento di partenza x per ricavare l'elemento y dell'insieme di arrivo. Non abbiamo però operazioni algebriche come, per esempio, nella funzione $y=x+2$. Perciò non riusciamo a svolgere un calcolo algebrico come negli esempi di retta e parabola. Dunque l'inversione delle funzioni goniometriche può sembrare più difficile.

Procediamo dunque analizzando prima se le funzioni goniometriche sono invertibili, se non lo sono restringiamo opportunamente l'insieme di partenza e l'insieme di arrivo per renderle tali, costruiamo graficamente la funzione inversa; poiché non possiamo fare delle operazioni algebriche per ricavare la funzione inversa, ci limiteremo a 'battezzare' le funzioni goniometriche inverse con nomi opportuni.

F42-41-Invertire sen(x)

La funzione $y=\text{sen}(x)$ non è invertibile. Infatti fissato un valore y, con $-1\leq y\leq 1$, ci sono infiniti angoli x il cui seno vale y. Osserviamolo nel disegno: la funzione $y=\text{sen}(x)$ interseca infinite volte la retta orizzontale $y=k$:

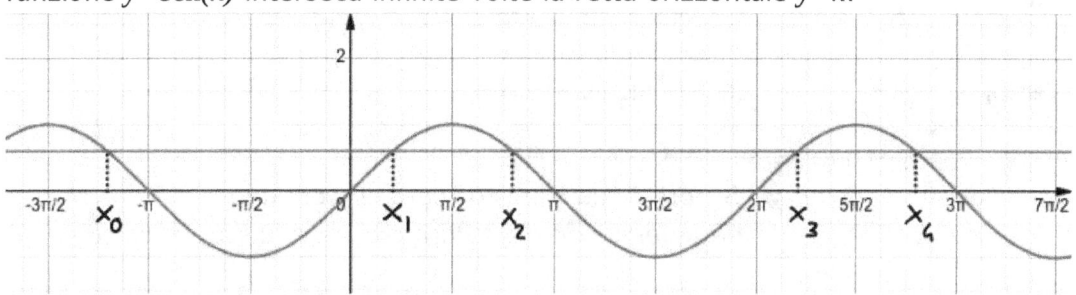

Osserviamo le infinite soluzioni sul cerchio goniometrico.

Al segmento sen(x)=k, corrispondono due angoli: nel disegno α e β.

Dunque sen α=k e senβ=k.

Ma è anche sen(α+2π)=k e sen(β+2π)=k,

sen(α+4π)=k e sen(β+4π)=k,....

dunque tutti gli angoli

x=α+2nπ, con n=0,±1,±2,±3....

x=β+2nπ, con n=0,±1,±2,±3....

sono gli infiniti valori di x a cui corrisponde la stessa y.

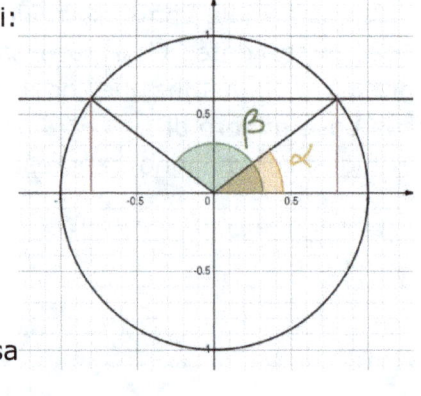

Dobbiamo dunque restringere opportunamente l'insieme di partenza per poter invertire questa funzione.

Si può scegliere l'intervallo $\left[-\frac{\pi}{2},\frac{\pi}{2}\right]$: in questo arco la funzione y=sen(x) assume una volta sola tutti i valori compresi tra -1 e 1. Dunque è possibile invertire la funzione

$$f:\left[-\frac{\pi}{2},\frac{\pi}{2}\right] \;\rightarrow\; [-1,1]$$
$$x \quad\mapsto\quad \text{sen}(x)$$

Tracciamo la funzione inversa, ricordando che è simmetrica rispetto alla retta y=x. Chiamiamo questa funzione inversa y=arcsen(x), ovvero la indichiamo con 'un gioco di parole' l'arco il cui seno vale x (si ricordi che arco e angolo in goniometria sono sinonimi, perciò leggiamo: l'angolo il cui seno è x).

Siccome la funzione inversa si indica anche con la notazione f^{-1} si ha una spiegazione del perché sulla calcolatrice sono presenti sin^{-1}, cos^{-1}, tan^{-1}).

Dunque $\quad f^{-1}:[-1,1] \;\rightarrow\; \left[-\frac{\pi}{2},\frac{\pi}{2}\right]$
$$x \quad\mapsto\quad \text{arcsen}(x)$$

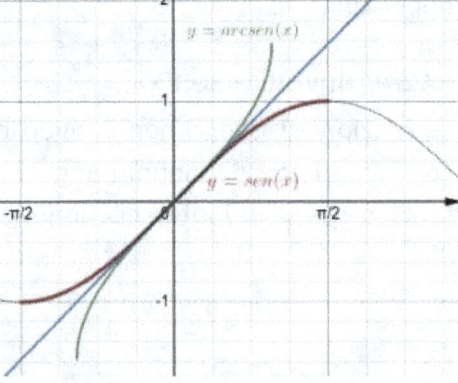

Si sarebbe potuto scegliere anche un altro intervallo anziché $\left[-\frac{\pi}{2},\frac{\pi}{2}\right]$ come per esempio $\left[\frac{\pi}{2},\frac{3\pi}{2}\right]$ o un qualsiasi altro intervallo che contenesse una sola volta i valori possibili delle y. Si privilegia questo perché contiene i valori minori dell'angolo e anche perché questi sono i valori che restituisce la calcolatrice quando si esegue sin^{-1}.

F42-42-Invertire cos(x)

Un analogo discorso per la funzione $y=\cos(x)$. Anche questa funzione non è invertibile. Infatti fissato un valore y, con $-1 \leq y \leq 1$, ci sono infiniti angoli x il cui coseno vale y. Osserviamolo nel disegno: la funzione $y=\cos(x)$ interseca infinite volte la retta orizzontale $y=k$.

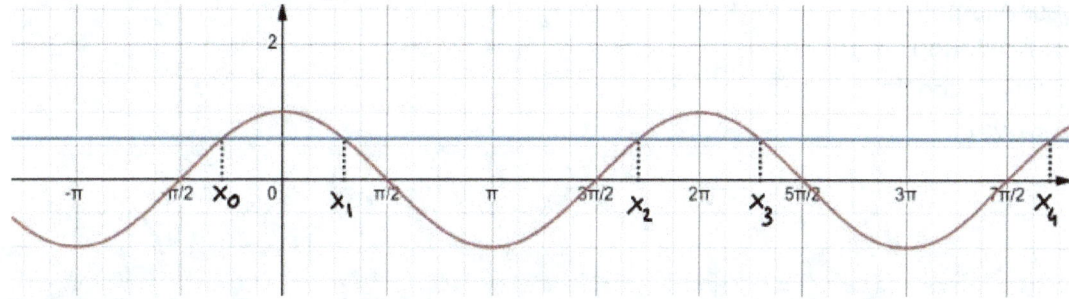

Sul cerchio goniometrico, al segmento $\cos x=k$, corrispondono due angoli: nel disegno α e β.
Dunque $\cos\alpha=k$ e $\cos\beta=k$.
Ma è anche $\cos(\alpha+2n\pi)=k$ e $\cos(\beta+2n\pi)=k$, dunque tutti gli angoli
$x=\alpha+2n\pi$, con $n=0,\pm1,\pm2,\pm3....$
$x=\beta+2n\pi$, con $n=0,\pm1,\pm2,\pm3....$
sono gli infiniti valori di x a cui corrisponde la stessa y.
Dobbiamo dunque restringere opportunamente l'insieme di partenza per poter invertire questa

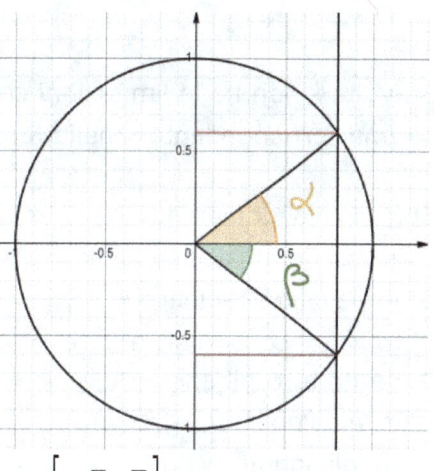

funzione. Non si può scegliere lo stesso intervallo $\left[-\dfrac{\pi}{2},\dfrac{\pi}{2}\right]$ usato per $y=\text{sen}(x)$:

infatti per $y=\cos(x)$ in questo intervallo ci sono y a cui corrispondono due valori di x. Si può invece scegliere l'intervallo $[0;\pi]$.
Consideriamo dunque la funzione

$$f:[0,\pi] \;\rightarrow\; [-1,1]$$
$$x \;\mapsto\; \cos(x)$$

e disegniamola tracciando per simmetria anche la sua funzione inversa

$$f^{-1}:[-1,1] \;\rightarrow\; [0,\pi]$$
$$x \;\mapsto\; \arccos(x)$$

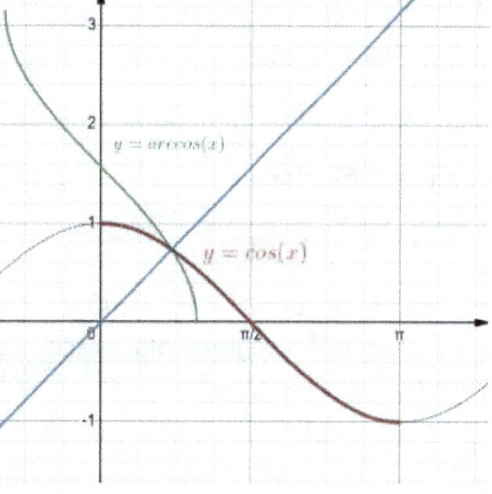

F42-43-Invertire tan(x)

Con qualche piccola differenza, ripetiamo il discorso per $y=\tan(x)$.

Anch'essa non è una funzione biiettiva. Osserviamolo confrontando $y=\tan(x)$ con la retta $y=k$.

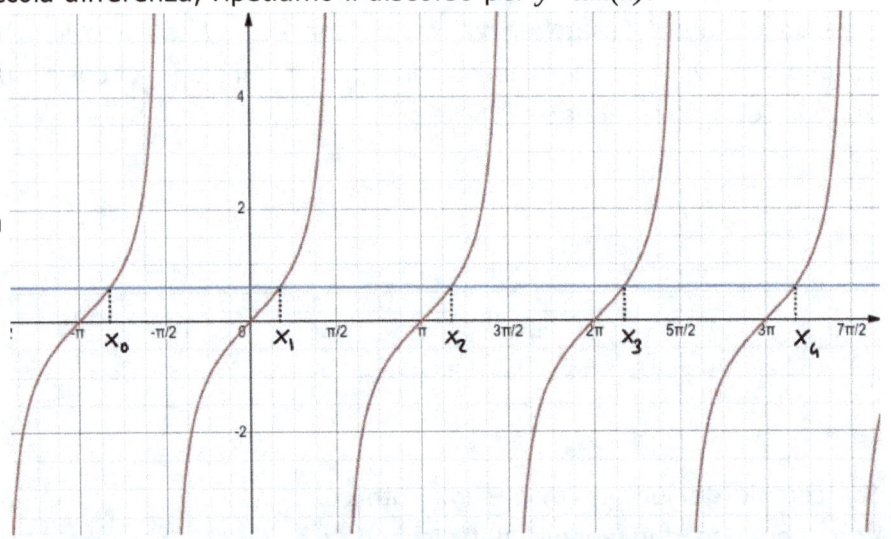

Stavolta k non ha le limitazioni che aveva per $y=\text{sen}(x)$ e $y=\cos(x)$, cioè qualsiasi y ha una corrispondente x nella funzione $y=\tan(x)$.

Sul cerchio goniometrico, al segmento $\tan(x)=k$, corrispondono due angoli: nel disegno α e β. Dunque $\tan\alpha=k$ e $\tan\beta=k$.

In questo caso inoltre α e β differiscono di π. Pertanto tutti gli angoli

$x=\alpha+n\pi$, con $n=0,\pm1,\pm2,\pm3....$

sono gli infiniti valori di x a cui corrisponde la stessa y.

L'intervallo da scegliere in questo caso è $\left(-\dfrac{\pi}{2},\dfrac{\pi}{2}\right)$.

Si noti che in questo caso sono state usate le parentesi tonde. Le parentesi tonde indicano che gli estremi sono esclusi: infatti in $-\dfrac{\pi}{2}$ e in $\dfrac{\pi}{2}$ la tangente non esiste.

Dunque la funzione

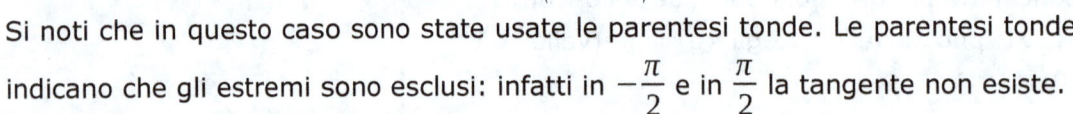

$$f:\left(-\frac{\pi}{2},\frac{\pi}{2}\right) \;\rightarrow\; \mathbb{R}$$
$$x \;\mapsto\; \tan(x)$$

è invertibile; disegniamola tracciando per simmetria anche la sua funzione inversa.

$$f^{-1}: \mathbb{R} \;\rightarrow\; \left(-\frac{\pi}{2}, \frac{\pi}{2}\right)$$

$$x \;\mapsto\; \arctan(x)$$

La funzione $y=\arctan(x)$ ha due asintoti orizzontali

$y=-\dfrac{\pi}{2}$ e $y=\dfrac{\pi}{2}$.

A differenza di $y=\arcsen(x)$ e $y=\arccos(x)$, è definita su tutto $\mathbb{R}$ cioè si può inserire al posto di x qualsiasi valore.

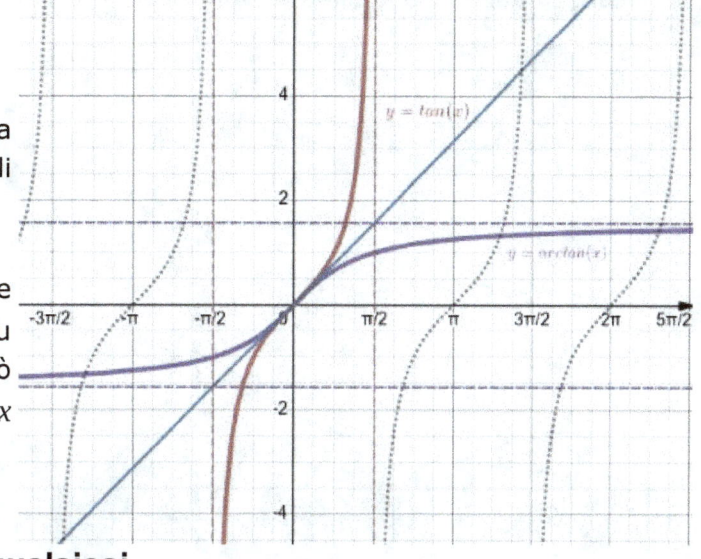

F43–Invertire funzioni qualsiasi

Il discorso fatto sulle funzioni note, si può ripetere per tutte le funzioni. Le uniche limitazioni alle operazioni da svolgere restano limitazioni di tipo computazionale, cioè riguardano il fatto di riuscire o meno a esplicitare l'incognita x per capire se la funzione ammetta o meno inversa.

Le operazioni da svolgere per la generica $y=f(x)$ sono:

1. esplicitare la x
2. controllare che a una y corrisponda una sola x
3. scambiare la x con la y

L'operazione 3 può essere anche fatta all'inizio. In questo caso si dovrà:

1. scambiare la x con la y
2. esplicitare la y
3. controllare che a una x corrisponda una sola y

Prendiamo per esempio la funzione $y=\dfrac{2x-1}{x+3}$, che è la funzione omografica.

Svolgiamo i passi:

- $y(x+3)=2x-1$ $xy+3y=2x-1$ $xy-2x=-3y-1$

  $x(y-2)=-(3y+1)$ $x=\dfrac{-3y+1}{y-2}$

- sostituendo una y otteniamo un solo valore di x; dobbiamo escludere il valore $y=2$, che è l'asintoto orizzontale della funzione

- la funzione inversa è $y=\dfrac{-3x+1}{x-2}$, funzione omografica con asintoto orizzontale $y=-3$ e asintoto verticale $x=2$.

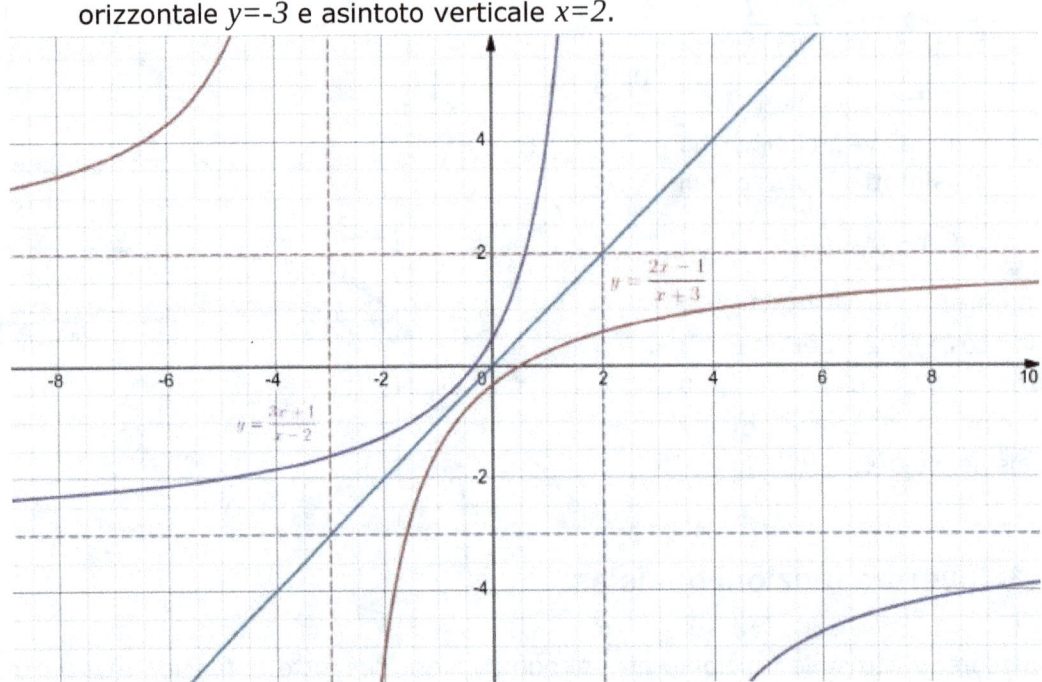

Vediamo ora una funzione che non riusciremo a invertire per meri problemi di calcolo: $f(x)=x^3-2x+1$.

Esplicitare la x in $y=x^3-2x+1$ non risulta possibile con le nostre conoscenze. L'equazione di terzo grado $x^3-2x+1-y=0$ nell'incognita x potrebbe avere 1, 2 o 3 soluzioni che non siamo in grado di calcolare, non conoscendo la formula risolutiva di un'equazione di terzo grado. Infatti siamo in grado di trovare le soluzioni di un'equazione di grado superiore al secondo solo se possiamo scomporre il polinomio di terzo grado, ma non siamo in questo caso.

Potremmo essere tentati di scrivere che $x=y^3-2y+1$ è la funzione inversa, ma non abbiamo nessuna certezza che questa funzione sia invertibile. Con il grafico, che però sapremo disegnare solo in seguito nel corso degli studi, si vede che questa funzione non è invertibile. Per completare ecco il grafico disegnato con Desmos:

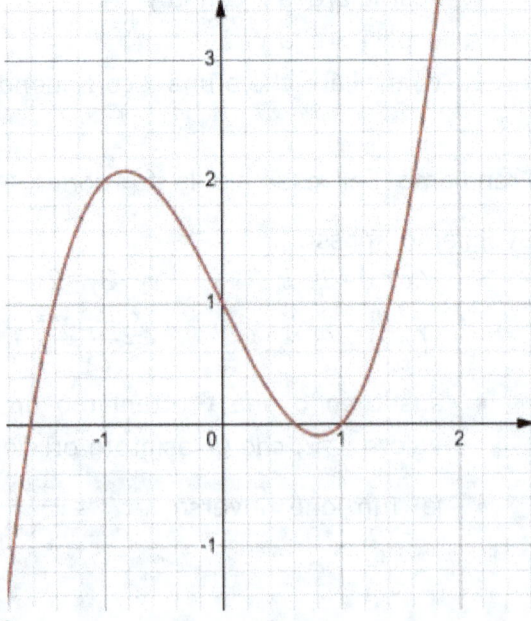

F44–Esercizi svolti

Esempio 1

Invertire $y = \log\left(\dfrac{1}{x-3}\right)$

Deve essere $\dfrac{1}{x-3} > 0$, dunque *x-3>0* e perciò *x>3*.

Sotto queste condizioni la funzione è biiettiva, pertanto invertibile.
Per calcolare l'inversa si scambia la *x* con la *y* e poi si esplicita la *y*.

$x = \log\left(\dfrac{1}{y-3}\right)$ che diventa $\dfrac{1}{y-3} = 10^{x}$ $y-3 = \dfrac{1}{10^{x}}$ $y = 10^{-x}+3$

Esempio 2

Nel disegno è rappresentata $f(x) = \dfrac{1}{2}x^3 + 1$.

Scrivi l'espressione analitica di $f^{-1}(x)$ e disegnala.

Per invertire la funzione disegnata, ricavandone la sua espressione, prendiamo

$y = \dfrac{1}{2}x^3 + 1$ e esplicitiamo la x.

$\dfrac{1}{2}x^3 = y - 1$

$x^3 = 2y-2$

$x = \sqrt[3]{2y-2}$

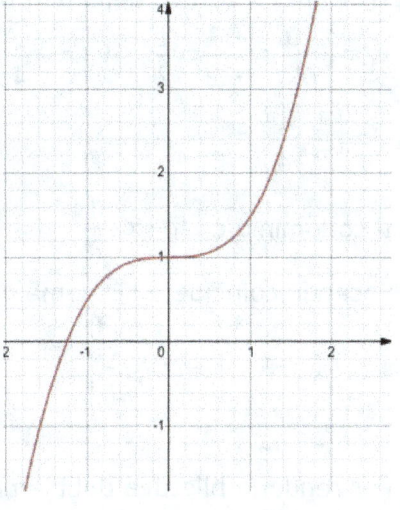

A questo punto per ottenere la funzione inversa, basta scambiare la *x* con la *y*.

$y = \sqrt[3]{2x-2}$

La funzione inversa di $f(x) = \dfrac{1}{2}x^3 + 1$. sarà

quindi $f^{-1}(x) = \sqrt[3]{2x-2}$. Il grafico si ottiene per simmetria rispetto alla bisettrice del primo e terzo quadrante.

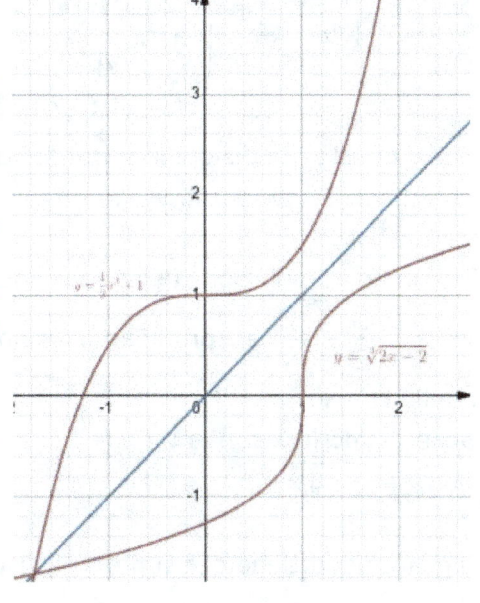

Esempio 3

Disegna $f(x)=x-x^2$ e indicane dominio e codominio. Indicando come insieme di arrivo il codominio, la funzione è iniettiva, biiettiva o suriettiva? Riducendone opportunamente dominio e codominio, scrivi l'equazione della funzione inversa.

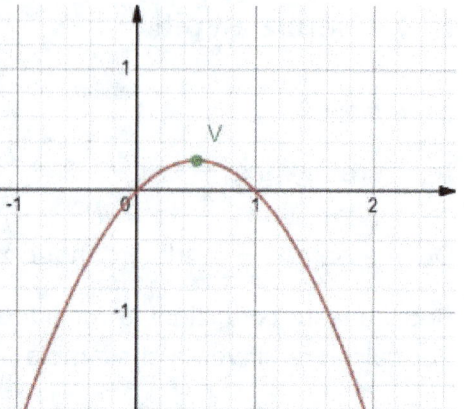

Dominio: $\mathbb{R}$

La funzione così com'è non è biettiva, suriettiva o iniettiva. Vanno ristretti opportunamente insieme di partenza e di arrivo.

Troviamo il vertice della parabola:

$$x_v = -\frac{b}{2a} = \frac{-1}{-2} = \frac{1}{2} \qquad y_v = -\frac{\triangle}{4a} = \frac{1}{4}$$

$$V = \left(\frac{1}{2}; \frac{1}{4}\right)$$

Il codominio è $\left(-\infty, \frac{1}{4}\right]$.

Facendo coincidere l'insieme di arrivo col codominio, la funzione è suriettiva.

$$f: \mathbb{R} \;\rightarrow\; \left(-\infty, \frac{1}{4}\right]$$
$$\;x \;\mapsto\; x-x^2$$

Per renderla biiettiva dobbiamo considerare metà parabola.

$$f: \left[\frac{1}{2}, +\infty\right) \;\rightarrow\; \left(-\infty, \frac{1}{4}\right]$$
$$\;x \;\mapsto\; x-x^2$$

Sotto queste condizioni la parabola è invertibile. Esplicitiamo la x:

$y = x-x^2 \qquad x^2-x+y=0$

Troviamo le soluzioni dell'equazione

$x = \dfrac{1 \pm \sqrt{1-4y}}{2}$ e prendiamo solo

quella con +.

Scambiamo la x con la y:

$$y = \frac{1+\sqrt{1-4x}}{2}$$

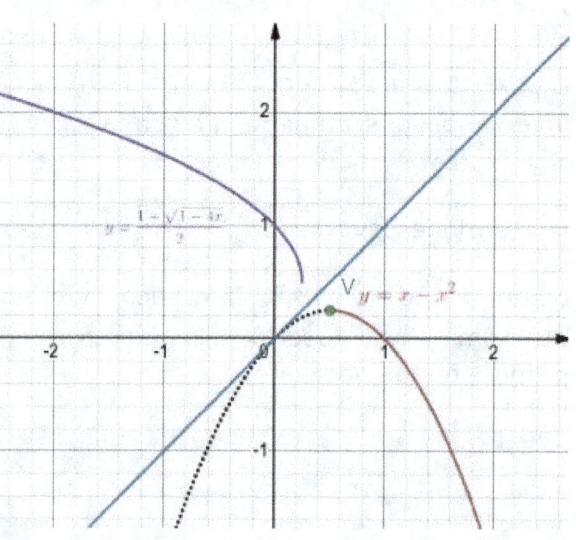

Il grafico si ottiene per simmetria rispetto a $y=x$.

Esempio 4

Disegna $y=x^4$ e la sua funzione inversa. Indica sotto quali condizioni è possibile invertire $y=x^4$ e indica l'espressione analitica della funzione inversa.

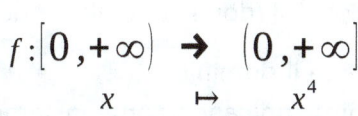

non è funzione invertibile, perchè non è biiettiva.

Per renderla biiettiva devono essere modificati opportunamente l'insieme di partenza e l'insieme di arrivo.

Riducendo l'insieme di arrivo a $[0,+\infty)$ diventa suriettiva e poi prendendo come insieme di partenza $[0,+\infty)$ (oppure equivalentemente $(-\infty,0]$) diventa biiettiva.

$$f:[0,+\infty) \;\to\; [0,+\infty)$$
$$x \;\mapsto\; x^4$$

Invertiamo esplicitando la x e scambiando la x con la y:

$x=\sqrt[4]{y} \qquad y=\sqrt[4]{x}.$

Otteniamo il grafico della funzione inversa per simmetria della mezza $y=x^4$ rispetto a $y=x$.

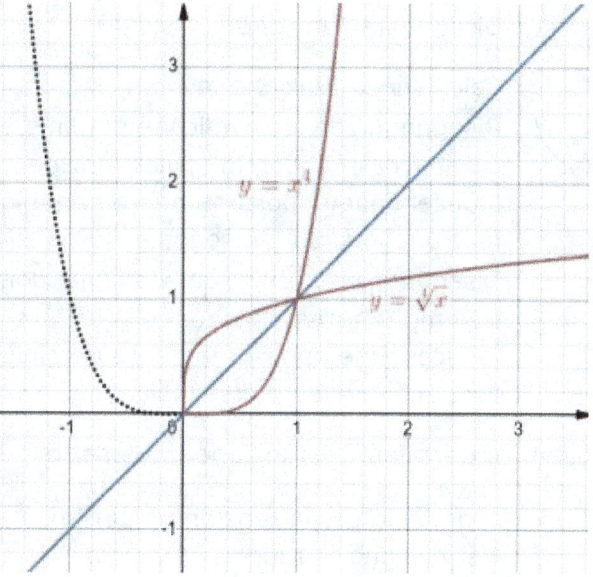

Esempio 5

Disegna la funzione $y=\log_{\frac{1}{2}} x$ e

indicane dominio e codominio.

Calcola l'immagine di 3 e disegnala sul grafico. Calcola la controimmagine di 1 e disegnala sul grafico. Indicando le condizioni di invertibilità, inverti la funzione.

Dominio : $(0,+\infty)$

Codominio $\mathbb{R}$

Immagine di 3: $f(3)=\log_{\frac{1}{2}} 3$

Controimmagine di 1:

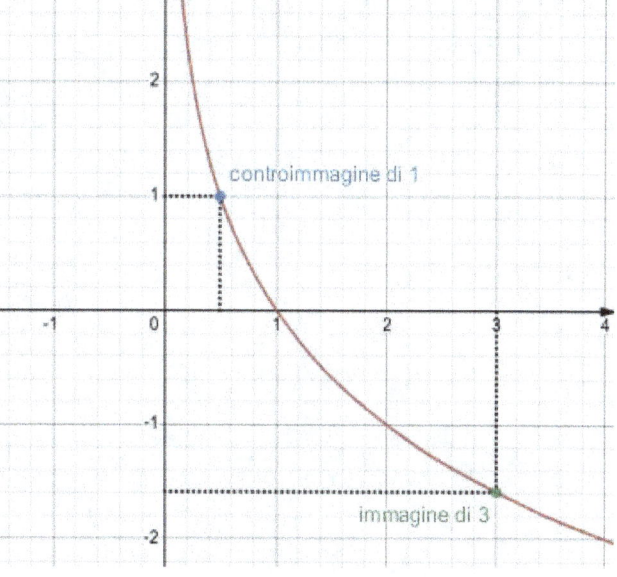

$1 = \log_{\frac{1}{2}} x \quad x = \frac{1}{2}.$

La funzione $f:\left(0,+\infty\right) \rightarrow \mathbb{R}$ è biiettiva, pertanto invertibile.

$y = \log_{\frac{1}{2}} x \qquad$ per la definizione di logaritmo $\left(\frac{1}{2}\right)^{y} = x$.

Scambiando la x con la $y \quad y = \left(\frac{1}{2}\right)^{x}$.

F45–Esercizi

1. Disegna la funzione $f(x) = \dfrac{2x-1}{3-x}$ indicandone il dominio e il segno.

   Calcolane la funzione inversa, disegnala e indicane il dominio.

2. Disegna $f(x)=4-x^2$ e indicane dominio e codominio; Indicando come insieme di arrivo il codominio, la funzione è iniettiva, biiettiva o suriettiva? Riducendone opportunamente dominio e codominio, scrivi l'equazione della funzione inversa e disegnala.

3. Disegna $f(x)=x^2-2x+1$ e indicane dominio e codominio; Indicando come insieme di arrivo il codominio, la funzione è iniettiva, biiettiva o suriettiva? Riducendone opportunamente dominio e codominio, scrivi l'equazione della funzione inversa e disegnala.

4. Determina la funzione inversa di $y = \log^{3}\left(\dfrac{x}{2}\right) - 1$. Indica dominio e codominio per la funzione e per la sua inversa.

5. Nel disegno è rappresentata la funzione $f(x) = \dfrac{1}{2}(x+1)^{3}$.

   Disegna e scrivi l'espressione analitica di $f^{-1}(x)$.

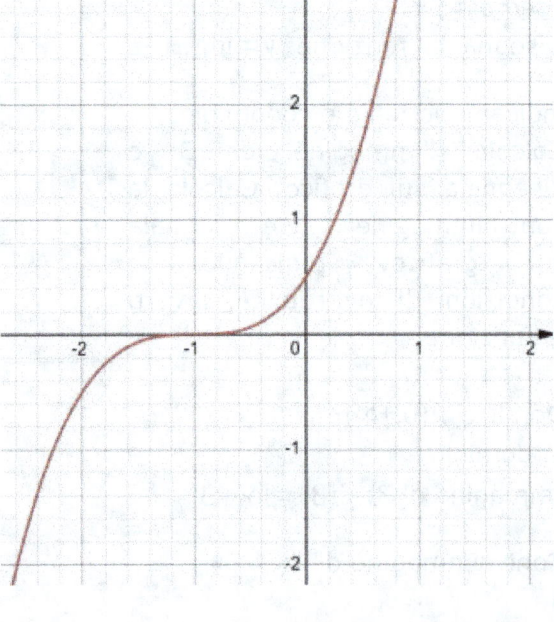

92

6. Determina l'immagine di 2 per la funzione $y=log(1+2x)$. Indica le condizioni per cui è invertibile e invertila. Determina anche la controimmagine di 2 per la funzione $y=log(1+2x)$.

Determina il dominio delle seguenti funzioni

7. $y=\log_{\frac{1}{2}}(1-2x)-\log_{\frac{1}{2}}(4-3x)$

8. $y=\log_{\frac{1}{2}}(2-x)-\log_{\frac{1}{2}}(10+3x)$

9. $y=\log_{\frac{1}{2}}\left(\dfrac{2x+10}{x+10}\right)$

10. $y=\log_{\frac{1}{3}}\left(\dfrac{x+2}{x-3}\right)+\sqrt{\dfrac{x+1}{2x-4}}$

11. $y=\log_{\frac{1}{3}}\left(\dfrac{2x+7}{3-x}\right)+\sqrt{x+1}$

12. $y=\text{arcsen}(x-1)$

13. $y=arsen(2x-1)$

14. $y=|x+1|-ln(3^x-9)$

15. $y=|x^2-1|-log(e^x-4)$

16. $y=log(2^x-5)$

17. $y=\ln(2^x-3)$

Determina dominio e segno delle seguenti funzioni; riporta i risultati ottenuti su un grafico cartesiano.

18. $y=|x^2-1|log(e^x-1)$

19. $y=log(2^x-4)$

Capitolo F5 – Funzioni composte

F51–Definizione

Siano date ora due funzioni $f: A \to B$ e $g: B \to C$.
Facciamone una rappresentazione grafica:

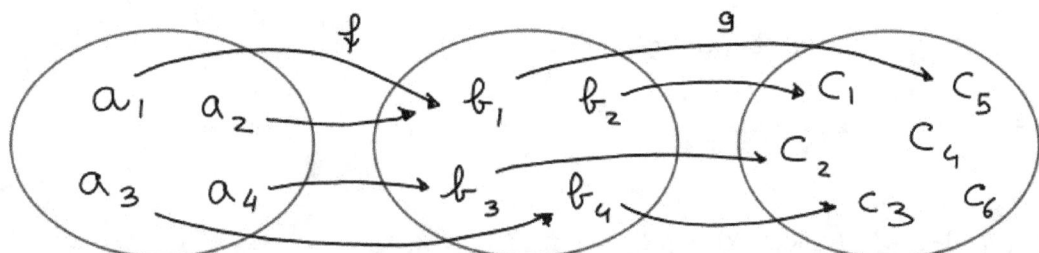

Si può pensare di definire una nuova funzione da A in C, che associa a un elemento di a A un elemento di C in questo modo:
$a \to f(a)$ e una volta trovato $f(a)$ si applica g : si può scrivere $g(f(a))$.

Si noti, in questo esempio che l'elemento b_2 non è raggiunto dalla funzione f; pertanto nella definizione della funzione $g(f(x))$ non lo si dovrà prendere in considerazione. Saremo in grado di escludere questi elementi dal dominio di una funzione composta semplicemente calcolando le condizioni di esistenza della funzione stessa.

La scrittura $g(f(a))$ individua naturalmente la notazione che utilizzeremo per la funzione composta

Date $f: \mathbb{R} \to \mathbb{R}$ $g: \mathbb{R} \to \mathbb{R}$
$\quad x \mapsto f(x)$ $\quad x \mapsto g(x)$

si definisce $g \circ f: \mathbb{R} \to \mathbb{R}$
$\quad x \mapsto g(f(x))$

Alcuni testi utilizzano f°g per indicare la funzione in cui si applica prima g e poi f, mentre altri, per la stessa applicazione utilizzano g°f. Noi utilizzeremo la notazione $y=g(f(x))$ per indicare questa funzione. Dunque la funzione $y=f(g(x))$ sarà, invece, la funzione in cui a un elemento si applica prima g e poi a $g(x)$ si applica f.

Esempio
Scrivi l'espressione analitica di $y=f(g(x))$, con $f(x)=\sqrt{x}$ e $g(x)=\ln(x)$ e calcolane il dominio.

$f(g(x))=\sqrt{\ln(x)}$. Il suo dominio si calcola risolvendo il sistema $\begin{cases} \ln(x) \geq 0 \\ x > 0 \end{cases}$,

dunque il dominio è l'intervallo $[1,+\infty)$.

F52–Esercizi svolti

Esempio 1

Sia $f(x)=2-x$ calcola $f(f(x))$.

$f(f(x))=2-(2-x)$ $y=2-2+x$ $y=x$

Esempio 2

Sia $f(g(x))=(x-2)^3$. Indica $f(x)$ e $g(x)$.

$f(x)=x^3$, $g(x)=x-2$.

Esempio 3

Sia $f(g(x))=x^3-2$. Indica $f(x)$ e $g(x)$.

$f(x)=x-2$, $g(x)=x^3$

Esempio 4

Sia $g(f(h(x)))=2\log(3x)$.   Indica $g(x)$, $f(x)$ e $h(x)$.

$h(x)=3x$ $f(x)=\log x$ $g(x)=2x$

Esempio 5

Sia $g(f(h(x)))=\log(2x^3)$.   Indica $g(x)$, $f(x)$ e $h(x)$.

$h(x)=x^3$ $f(x)=2x$ $g(x)=\log x$

Esempio 6

Date le funzioni $f(x)=x^2-1$ e $g(x)=\sqrt{x-3}$ rappresenta il grafico di $f(g(x))$ e di $g(f(x))$. Presta attenzione ai domini delle funzioni.

$f(x)=x^2-1$ ha dominio $\mathbb{R}$.
$g(x)=\sqrt{x-3}$ ha dominio $[3,+\infty)$.

$f(g(x))=(\sqrt{x-3})^2-1=x-3-1=x-4$ ha dominio $\mathbb{R}$.
$g(f(x))=\sqrt{x^2-1-3}=\sqrt{x^2-4}$ ha dominio $(-\infty;2]\cup[2,+\infty)$.

Ecco i grafici:

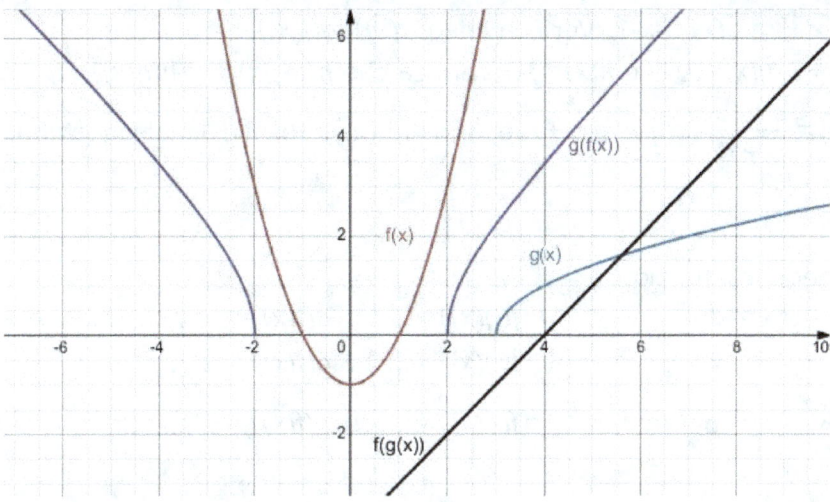

F53–Esercizi

1. Sia $f(x)=2-4x$ calcola $f(f(x))$.
2. Sia $g(f(h(x)))=\log(2x^3)$. Indica $g(x)$, $f(x)$ e $h(x)$.
3. Sia $g(f(h(x)))=2\log^3 x$. Indica $g(x)$, $f(x)$ e $h(x)$.
4. Date le funzioni $f(x)=x^2-3$ e $g(x)=\sqrt{x-1}$ rappresenta il grafico di $f(g(x))$ e di $g(f(x))$. Presta attenzione ai domini delle funzioni.
5. Calcola $f_1(x)=g(h(x))$ dove $g(x)=\log(x)$ e $h(x)=x-2$. Calcola $f_1(5)$.
   Calcola $f_2(x)=h(g(x))$ e trova la controimmagine di 5 per $y=f_2(x)$.
6. Data la funzione composta $f(g(h(k(x))))=\ln(2\,sen^2\,x\,)$:
   $f(x) =$ $g(x) =$ $h(x)=$ $k(x)=$
7. Data la funzione composta $f(g(h(k(x))))=2\ln(sen\,x^2)$:
   $f(x) =$ $g(x) =$ $h(x)=$ $k(x)=$
8. Data la funzione composta $f(g(h(k(x))))=-\ln(sen\,2x\,)$:
   $f(x) =$ $g(x) =$ $h(x)=$ $k(x)=$
9. Dopo aver definito il dominio delle due funzioni $f(x)=\sqrt{x}$ e
   $g(x)=\dfrac{1}{x-5}$ determina la funzione $f(g(x))$ e calcola, se esiste, l'immagine di 29.
10. Dopo aver definito il dominio delle due funzioni $f(x)=\dfrac{1}{x-5}$ e
    $g(x)=\sqrt{x-4}$ determina la funzione $f(g(x))$ e calcola, se esiste, l'immagine di 4.
11. Siano $f(x)=x^2+3$ e $g(x)=2x-1$. Trova e semplifica $f(g(x))$.
12. Siano $f(x)=x^2+1$ e $g(x)=1-2x$. Trova e semplifica $f(g(x))$.
13. Siano $f(x)=x^2-3x$ e $g(x)=2x+1$. Trova e semplifica $f(g(x))$.

14. Siano $f(x)=2x+3$ e $g(x)=3x-1$. Verifica che $f(g(x))\neq g(f(x))$.

15. Siano $f(x)=x+2$, $g(x)=2x-3$ e $h(x)=3x$. Verifica che $h(g(f(x)))=f(h(g(x)))$.

16. Siano $f(x)=\dfrac{2x-5}{x+1}$, $g(x)=2x+1$ e $h(x)=f(g(x))$. Risolvi la disequazione $h(|x|)>1$.

Componi le seguenti funzioni

17. $f(x)=\cos x$ $g(x)=x^2$ $f(g(x))=$......... $g(f(x))=$ ....

18. $f(x)=x^3$ $g(x)=x^2\sqrt{x}$ $f(g(x))=$......... $g(f(x))=$ ....

19. $f(x)=\dfrac{x+1}{x}$ $g(x)=\log(x)$ $f(g(x))=$......... $g(f(x))=$ ....

Scrivi quali funzioni compongono le seguenti funzioni

20. $y=\log^3 \text{sen}(x+1)$

21. $y=\log \text{sen}^3(x+1)$

22. $y=\log \text{sen}(x^3+1)$

23. $y=\log \text{sen}(x+1)^3$

24. $y=\text{sen}^3\ln(x+1)$

25. $y=\text{sen} \ln^3(x+1)$

26. $y=\text{sen} \ln(x+1)^3$

27. $y=\text{sen} \ln(x^3+1)$

28. Trova $f^{-1}(x)$, funzione inversa di $f(x)=\dfrac{3x-2}{x+1}$.

Verifica che $f(f^{-1}(x))$ e $f^{-1}(f(x))$ sono uguali alla funzione identica $y=x$.

Capitolo F6 – Trasformazioni geometriche di funzioni

F61–Introduzione

Ora vedremo come le trasformazioni geometriche operano sulle funzioni. Le trasformazioni geometriche sono a loro volta delle funzioni che hanno come insieme di partenza il piano cartesiano e come insieme di arrivo il piano cartesiano. Ne abbiamo accennato all'inizio di questo libro. Ora applicheremo tali funzioni a enti geometrici presenti nel piano cartesiano, in particolare ai grafici delle funzioni.

Vediamo ora come applicare una trasformazione geometrica, che ha la generica

forma $\begin{cases} x'=ax+by+e \\ y'=cx+dy+f \end{cases}$, a una funzione $y=f(x)$. La y e la x presenti in $y=f(x)$ sono

le stesse y e x presenti nelle equazioni che rappresentano la trasformazione geometrica. Bisogna riscrivere la funzione in modo che le variabili diventino x' e y'.

Pertanto va risolto il sistema $\begin{cases} x'=ax+by+e \\ y'=cx+dy+f \end{cases}$ nelle incognite x e y, cioè si dovrà

scrivere la trasformazione geometrica inversa; dopo di che si dovranno sostituire i valori x e y trovati nella equazione $y=f(x)$.

Non tutte le trasformazioni geometriche producono una funzione. Per esempio una generica rotazione solitamente sposta la funzione in una curva che non rispetta più la definizione di funzione.

Quando la curva generata attraverso la trasformazione geometrica è ancora una funzione, applicare una trasformazione geometrica a una funzione equivale a fare una composizione di funzioni.

Vediamo ora le trasformazioni geometriche applicabili alle funzioni a una a una.

F62–Traslazione

L'equazione di una traslazione orizzontale è $\begin{cases} x'=x+v_x \\ y'=y \end{cases}$;

viene lasciata invariata la y, mentre alla x va sostituita l'espressione $x'-v_x$. Pertanto l'espressione della funzione traslata sarà $y=f(x-v_x)$. (una volta operata la sostituzione si trascurano gli apici, per semplificare la scrittura).

Analogamente l'equazione di una traslazione verticale è $\begin{cases} x'=x \\ y'=y+v_y \end{cases}$; stavolta

viene lasciata invariata la x, mentre alla y, va sostituita l'espressione $y'-v_y$. Pertanto l'espressione della funzione traslata sarà $y=f(x)+v_y$.

In generale l'equazione di una traslazione di vettore $v=(v_x, v_y)$ è $\begin{cases} x'=x+v_x \\ y'=y+v_y \end{cases}$ e

l'espressione della funzione traslata è $y=f(x-v_x)+v_y$.

Esempio

Trasla la funzione $y=\ln(x)$ di un vettore $v=(1,-2)$ e disegna i due grafici.

La funzione traslata ha equazione $y=\ln(x-1)-2$.

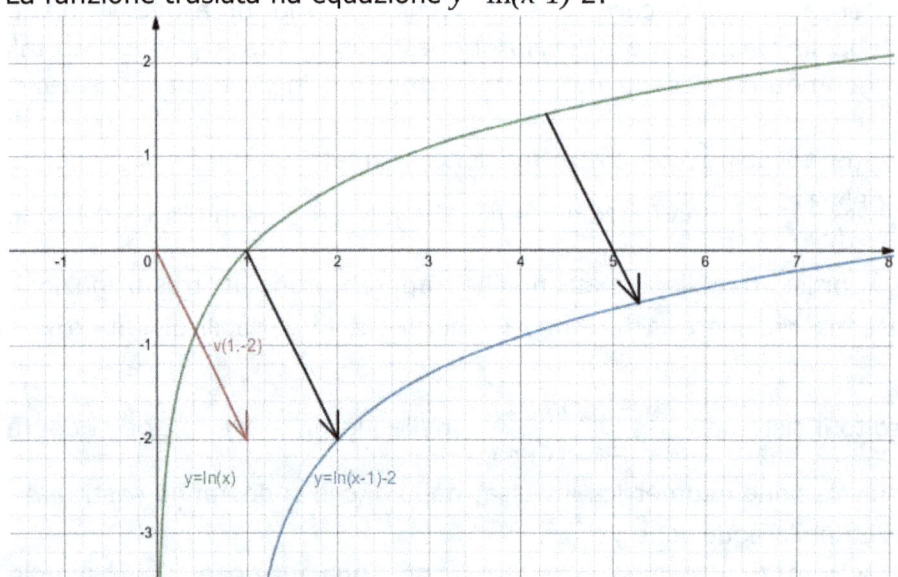

F63–Simmetrie assiali

Analizziamo le simmetrie rispetto agli assi e rispetto a rette parallele agli assi; le simmetrie assiali rispetto a una retta generica solo raramente producono un'altra funzione. In particolare abbiamo già analizzato la simmetria rispetto alla retta $y=x$ nel paragrafo relativo alle funzioni inverse.

Potrebbe essere un esercizio curioso analizzare la simmetria rispetto alla retta $y=-x$.

In questo paragrafo analizzeremo solamente simmetrie relative a assi paralleli all'asse x o all'asse y.

Applicando l'equazione della simmetria rispetto all'asse x

$\begin{cases} x'=x \\ y'=-y \end{cases}$ alla funzione

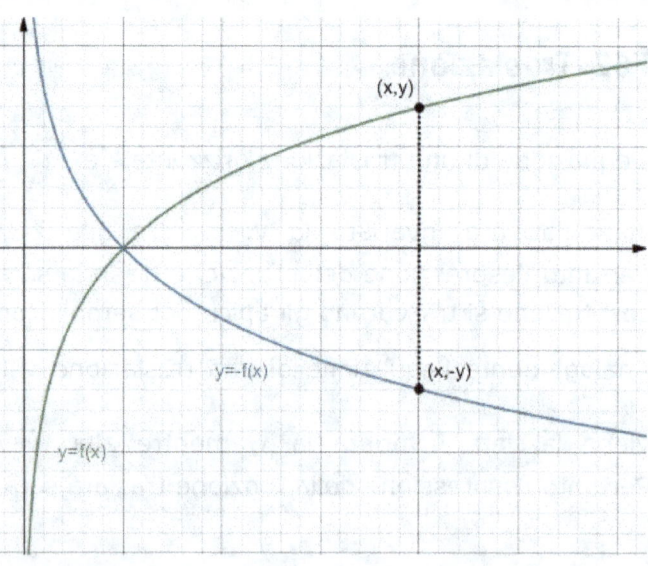

$y=f(x)$ si ottiene $y=-f(x)$, in cui tutti i termini del secondo membro cambiano di segno.

Analogamente applicando l'equazione della simmetria rispetto all'asse y $\begin{cases} x'=-x \\ y'=y \end{cases}$ alla funzione $y=f(x)$ si ottiene la funzione $y=f(-x)$, in cui si sostituisce $-x$ al posto di x e si operano le opportune semplificazioni.

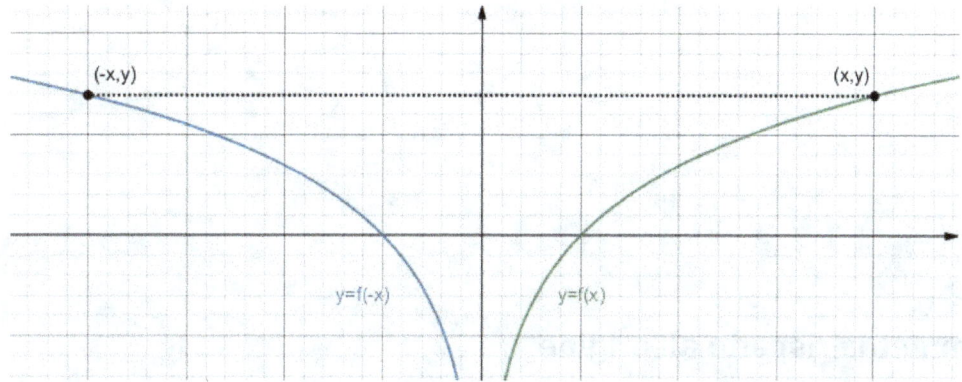

Esempio

Determina la simmetrica rispetto all'asse y della parabola $y=x^2-2x$.
Sostituiamo:
$y=(-x)^2-2(-x)$
Otteniamo
$y=x^2+2x$.

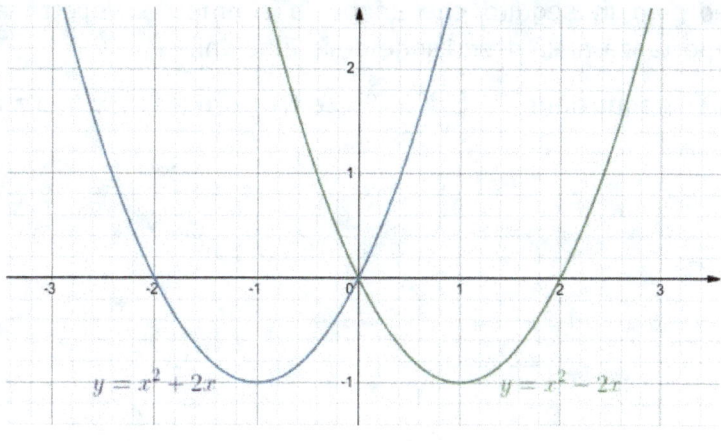

Per una simmetria rispetto a $x=a$ si utilizzano le equazioni $\begin{cases} x'=2a-x \\ y'=y \end{cases}$.

Infatti se si considerano due punti simmetrici rispetto a $x=a$ si osserva che il segmento che li unisce ha il punto medio che cade sulla retta $x=a$. Pertanto per la

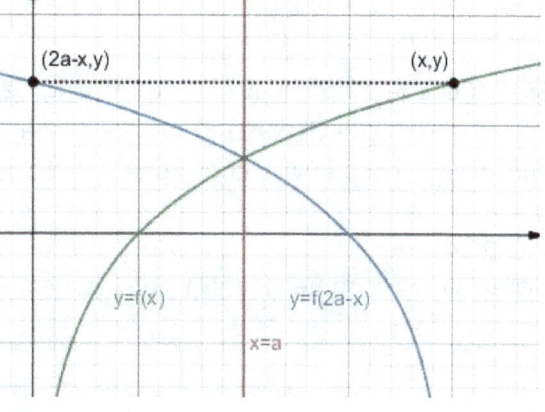

formula del punto medio $\dfrac{x+x'}{2}=a$ si ottiene l'equazione che lega x e x'.

Analogamente per la simmetria rispetto a $y=a$ si usano le equazioni

$$\begin{cases} x'=x \\ y'=2a-y \end{cases}.$$

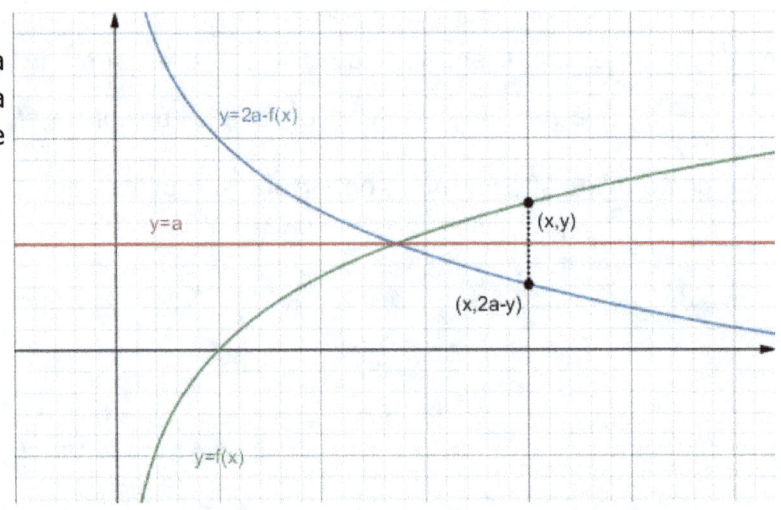

F64–Simmetria rispetto all'origine

Vedremo in seguito che anche la simmetria rispetto all'origine riveste grande importanza nella descrizione delle funzioni.

La sua equazione è $\begin{cases} x'=-x \\ y'=-y \end{cases}$ e trasforma $y=f(x)$ nella nuova funzione $y=-f(-x)$.

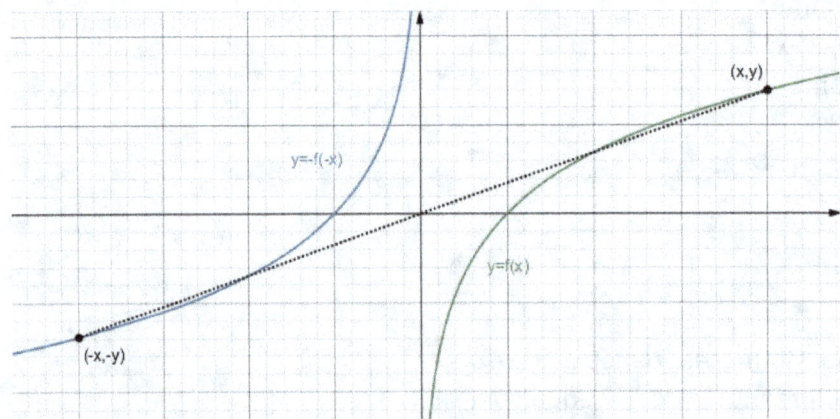

Si noti che la simmetria rispetto all'origine può essere vista come la composizione di una simmetria rispetto all'asse x e una simmetria rispetto all'asse y.
Può essere anche vista come una rotazione di 180° con centro nell'origine.

Esempio
Determina la simmetrica di $y=e^x-1$ rispetto all'origine.

Per disegnare la funzione partiamo dall'esponenziale e trasliamolo verso il basso di 1. Poi disegniamo la simmetrica, che ha equazione $y=1-e^{-x}$.

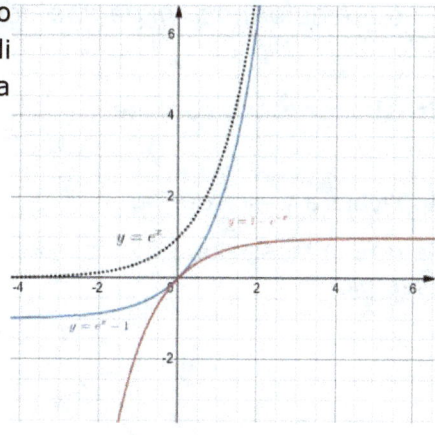

F65–Omotetie

L'equazione dell'omotetia è $\begin{cases} x'=kx \\ y'=ky \end{cases}$, dove k è il coefficiente che indica,

geometricamente di quanto la figura viene ingrandita o rimpicciolita.

Più interessanti sono le dilatazione e compressioni descritte nel prossimo paragrafo, in cui viene sottoposta una sola delle variabili alla moltiplicazione per il coefficiente k.

F66–Dilatazioni e compressioni

Una dilatazione (o compressione) lungo l'asse x ha equazione $\begin{cases} x'=kx \\ y'=y \end{cases}$, mentre

lungo l'asse y è $\begin{cases} x'=x \\ y'=ky \end{cases}$.

Ovviamente l'omotetia accennata sopra si compone di una dilatazione sia lungo l'asse x sia lungo l'asse y, con il medesimo coefficiente k. Se ci fossero due coefficienti diversi la trasformazione geometrica non sarebbe più un'omotetia, come non sono più omotetie le trasformazioni descritte in questo paragrafo.

Queste trasformazioni appartengono a un'altra famiglia di trasformazioni geometriche dette affinità, di cui studieremo solo questo caso particolare.

Esempio

Disegna la funzione $y=sen(2x)$.

Si tratta della compressione della funzione $y=senx$ del fattore $\dfrac{1}{2}$.

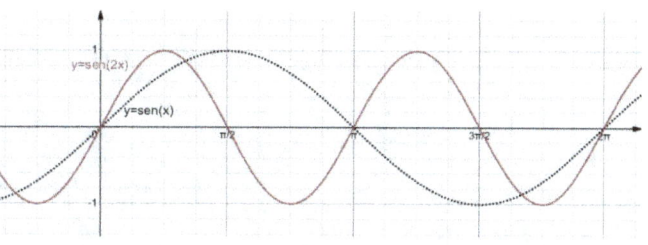

F67–Esempi

F67-1-Trasformazioni geometriche di sen(x)

Traslazione orizzontale: $\begin{cases} x'=x+a \\ y'=y \end{cases}$ dove a è un numero reale.

Applicata a $y=\text{sen}x$ è $y=\text{sen}(x-a)$.

Se $a>0$ la traslazione è verso sinistra; se $a<0$ verso destra lungo l'asse delle x.

Esempio

$y=\text{sen}(x-2)$

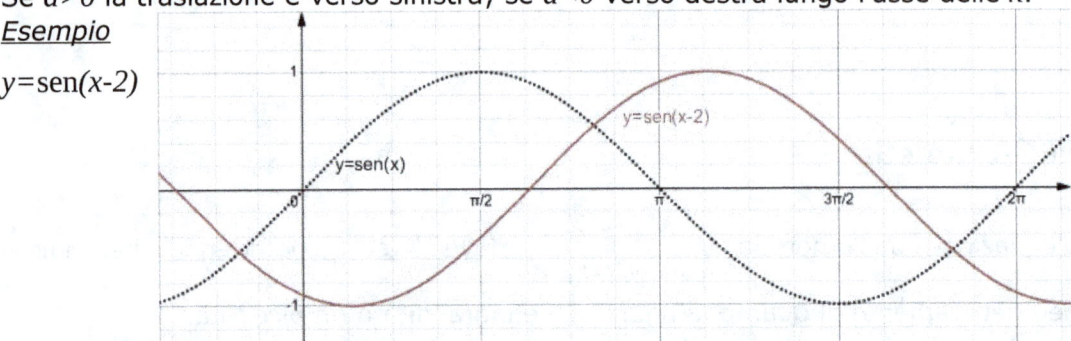

Traslazione verticale: $\begin{cases} x'=x \\ y'=y+a \end{cases}$ dove a è un numero reale.

Applicata a $y=\text{sen}x$ è $y=\text{sen}x+a$.

se $a>0$ la traslazione è verso l'alto; se $a<0$ verso il basso.

Esempio

$y=\text{sen}x-2$

104

Simmetria rispetto all'asse x:

$$\begin{cases} x'=x \\ y'=-y \end{cases}$$

Applicato a

y=senx è

y=-senx.

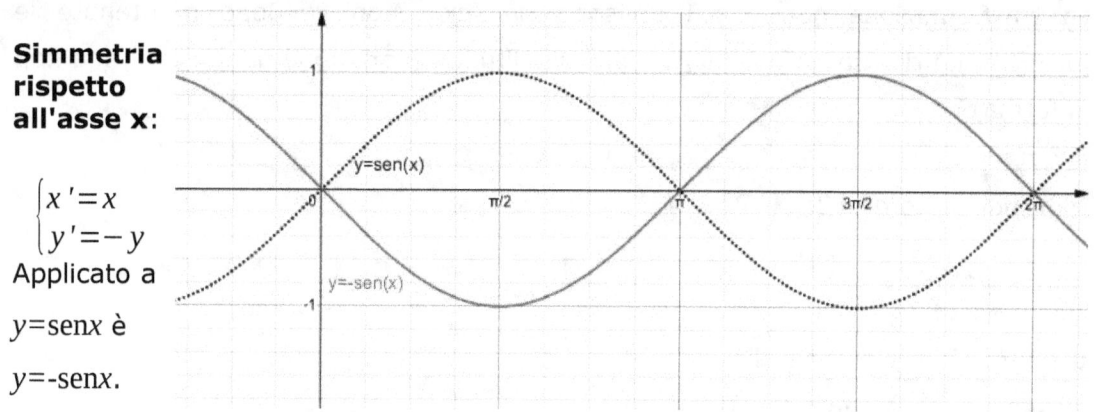

I valori delle y negativi vengono "ribaltati" rispetto all'asse x in valori positivi e viceversa.

Simmetria rispetto all'asse y:

$$\begin{cases} x'=-x \\ y'=y \end{cases}$$

Applicato a

y=senx è

y=sen(-x).

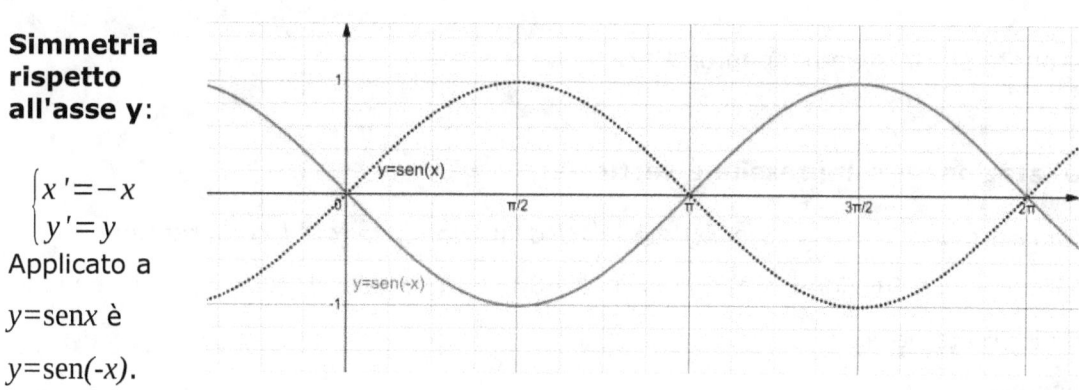

I valori delle y negativi vengono "ribaltati" rispetto all'asse y in valori positivi e viceversa.

Dal grafico si nota che sen(-x)=-senx, che è nota la formula di trigonometria degli angoli opposti.

Simmetria centrale: $\begin{cases} x'=-x \\ y'=-y \end{cases}$

Applicato a y=senx è y=-sen(-x). I grafici coincidono. Infatti la funzione è dispari, cioè simmetrica rispetto all'origine degli assi.

Omotetie: $\begin{cases} x'=a\,x \\ y'=a\,y \end{cases}$. Applicato a y=senx è $y=a\,sen\left(\dfrac{x}{a}\right)$.

Se $|a|>1$ ingrandimento, se $|a|<1$ rimpicciolimento

La trasformazione non è più un'isometria (cioè non vengono mantenute le misure), ma rientra nella famiglia delle similitudini (variano le dimensioni, ma non la forma).

Esempio

Ingrandimento $a=+2$:

$$y=2\,sen\left(\frac{x}{2}\right) .$$

Il punto $O(0,0)$ rimane allo stesso posto: è punto fisso della trasformazione.

Il punto $B=\left(\frac{\pi}{2};1\right)$: $x'=2\cdot\frac{\pi}{2}=\pi$ $y'=2\cdot1=2$ va nel punto $B'=(\pi;2)$.

Il punto $D=(\pi;0)$ va nel punto $D'=(2\pi;0)$.

Dilatazione o compressione verticale: $\begin{cases}x'=x\\y'=a\,y\end{cases}$

Applicato a $y=senx$ è $y=a\,sen(x)$;se $|a|>1$ dilatazione, se $|a|<1$ compressione

Gli zeri della funzione rimangono inalterati. Le ordinate di tutti i punti vengono moltiplicate per a.

Esempio

ingrandimento

$a=+2$

L'equazione è

$y=2sen(x)$.

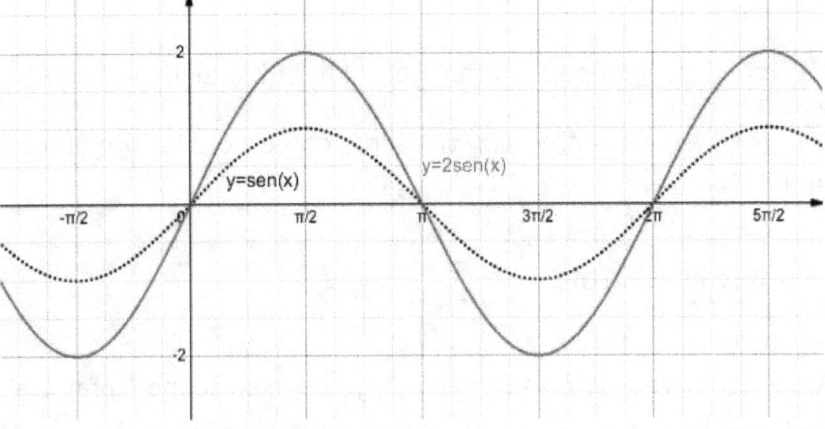

Dilatazione o compressione orizzontale: $\begin{cases}x'=a\,x\\y'=y\end{cases}$

Applicato a $y=senx$ è $y=sen\left(\frac{x}{a}\right)$; se $|a|>1$ dilatazione, se $|a|<1$ compressione.

Le ascisse di tutti i punti vengono moltiplicate per a.

Esempio

Dilatazione per a=2;

l'equazione è

$$y = sen\left(\frac{x}{2}\right) .$$

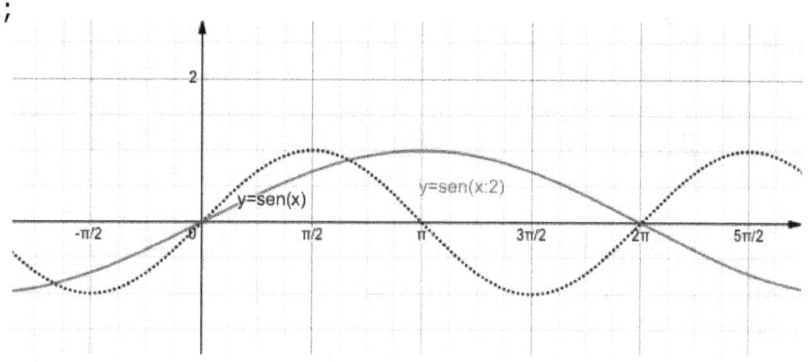

F67-2-Rotazione di un'iperbole

Si propone qui un unico esempio di rotazione, che da un'iperbole, che sotto la forma tradizionale della geometria analitica non è una funzione, viene trasformata in una funzione.

Data l'iperbole $\dfrac{x^2}{4} - y^2 = 1$, compiamo una rotazione in modo che l'asintoto diventi verticale.

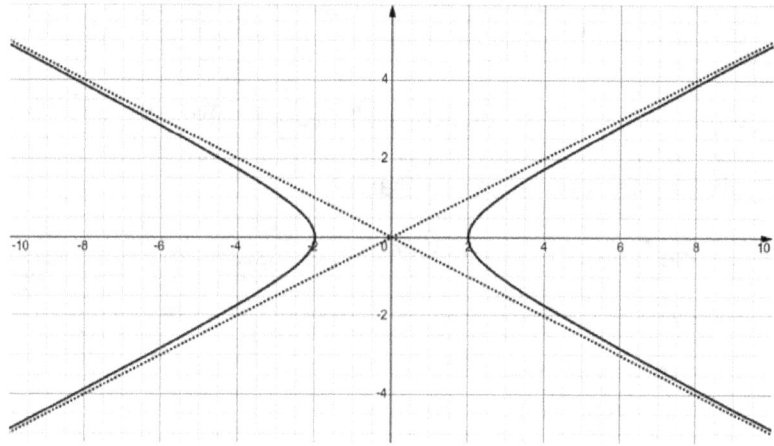

Nell'equazione della generica dell'iperbole $\dfrac{x^2}{a^2} - \dfrac{y^2}{b^2} = 1$ i due asintoti hanno

equazione $y = \dfrac{b}{a} x$ e $y = -\dfrac{b}{a} x$.

Dunque nell'esempio gli asintoti sono $y = \dfrac{1}{2} x$ e $y = -\dfrac{1}{2} x$.

Sapendo che il coefficiente angolare di una retta è pari alla tangente dell'angolo formato dalla retta con l'asse x, calcoliamo il seno ed il coseno dell'angolo utilizzando le formule fondamentali della trigonometria.

$$\tan \alpha = m = \frac{1}{2}$$

$$\tan \alpha = \frac{\operatorname{sen} \alpha}{\cos \alpha}$$

$$\frac{\operatorname{sen} \alpha}{\cos \alpha} = \frac{1}{2} \qquad \frac{\operatorname{sen}^2 \alpha}{\cos^2 \alpha} = \frac{1}{4} \qquad \frac{\operatorname{sen}^2 \alpha}{1 - \operatorname{sen}^2 \alpha} = \frac{1}{4} \qquad \frac{4 \operatorname{sen}^2 \alpha - (1 - \operatorname{sen}^2 \alpha)}{4 (1 - \operatorname{sen}^2 \alpha)} = 0$$

$$5 \operatorname{sen}^2 \alpha - 1 = 0 \qquad \qquad \operatorname{sen}^2 \alpha = \frac{1}{5} \qquad \qquad \operatorname{sen} \alpha = \sqrt{\frac{1}{5}}$$

$$\cos^2 \alpha = 1 - \operatorname{sen}^2 \alpha \qquad \qquad \cos^2 \alpha = 1 - \frac{1}{5} = \frac{4}{5} \qquad \cos \alpha = \frac{2}{\sqrt{5}}$$

La rotazione da compiere è del complementare di α, perciò:

$\cos(90-\alpha)=\operatorname{sen}\alpha$

$\operatorname{sen}(90-\alpha)=\cos\alpha$.

Sostituiamo quindi il tutto nella formula della rotazione: $\begin{cases} x = x' \cos \alpha - y' \operatorname{sen} \alpha \\ y = x' \operatorname{sen} \alpha + y' \cos \alpha \end{cases}$

dove α è l'angolo di rotazione in senso orario.

L'angolo di rotazione nel nostro caso è *90-α* che sostituiamo nella formula:

$$\begin{cases} x = x' \cos (90 - \alpha) - y' \operatorname{sen} (90 - \alpha) \\ y = x' \operatorname{sen} (90 - \alpha) + y' \cos (90 - \alpha) \end{cases}$$

$\begin{cases} x = x' \dfrac{1}{\sqrt{5}} - y' \dfrac{2}{\sqrt{5}} \\ y = x' \dfrac{2}{\sqrt{5}} + y' \dfrac{1}{\sqrt{5}} \end{cases}$ da sostituire nell'equazione dell'iperbole $\dfrac{x^2}{4} - y^2 = 1$.

$$\frac{\left(x' \dfrac{1}{\sqrt{5}} - y' \dfrac{2}{\sqrt{5}} \right)^2}{4} - \left(x' \dfrac{2}{\sqrt{5}} + y' \dfrac{1}{\sqrt{5}} \right)^2 = 1$$

eliminando l'apice per semplificare la scrittura e svolgendo i calcoli

$$\frac{\dfrac{x^2}{5}-\dfrac{4}{5}xy+\dfrac{4}{5}y^2}{4}-\left(\dfrac{4}{5}x^2+\dfrac{4}{5}xy+\dfrac{1}{5}y^2\right)=1 \qquad \dfrac{1}{20}x^2-\dfrac{1}{5}xy+\dfrac{1}{5}y^2-\dfrac{4}{5}x^2-\dfrac{4}{5}xy-\dfrac{1}{5}y^2=1$$

$$-\dfrac{3}{4}x^2-xy=1 \qquad xy=-\dfrac{3}{4}x^2-1 \qquad y=-\dfrac{3}{4}x-\dfrac{1}{x} \quad \text{che è una funzione.}$$

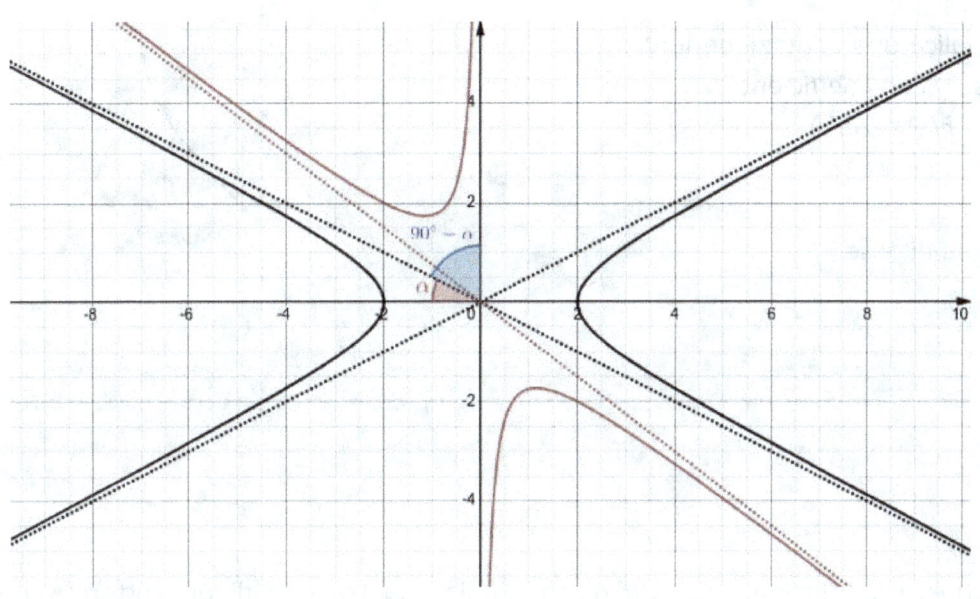

F68–Esercizi svolti

Esempio 1

Disegnare la funzione *y=ln(2x-1)* a partire dal grafico di *f(x)=lnx*.

g(x)=f(2x)=ln(2x): si applica una compressione lungo l'asse *x* di coefficiente *k=2*.

h(x)=g(x-0,5)=f(2(x-0,5))=ln(2(x-0,5))=ln(2x-1):
si applica una traslazione
orizzontale di 0,5 lungo
l'asse x.

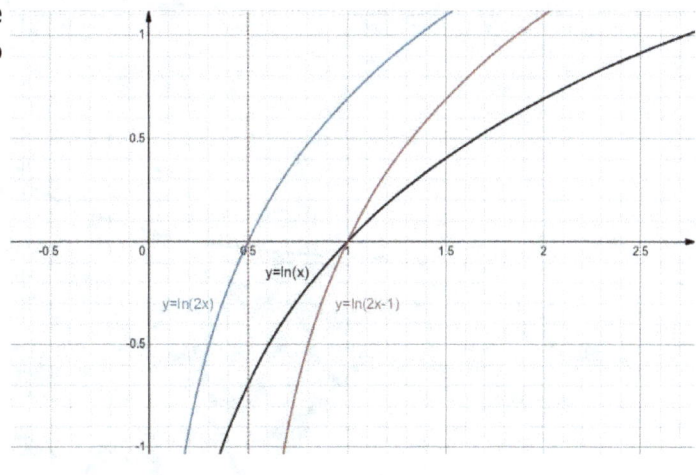

Esempio 2

Disegnare la funzione $y=-2\arcsen(x+1)$ a partire dal grafico di $f(x)=\arcsen(x)$.

$g(x)=f(x+1)=\arcsen(x+1)$:

si applica una traslazione orizzontale di -1 lungo l'asse x.

$h(x)=2g(x)=2f(x+1)=$
$=2\arcsen(x+1)$:

si applica una dilatazione lungo l'asse y con coefficiente 2.

$l(x)=-h(x)=-2g(x)=$
$=-2\arcsen(x+1)$:

si applica una simmetria assiale di asse x.

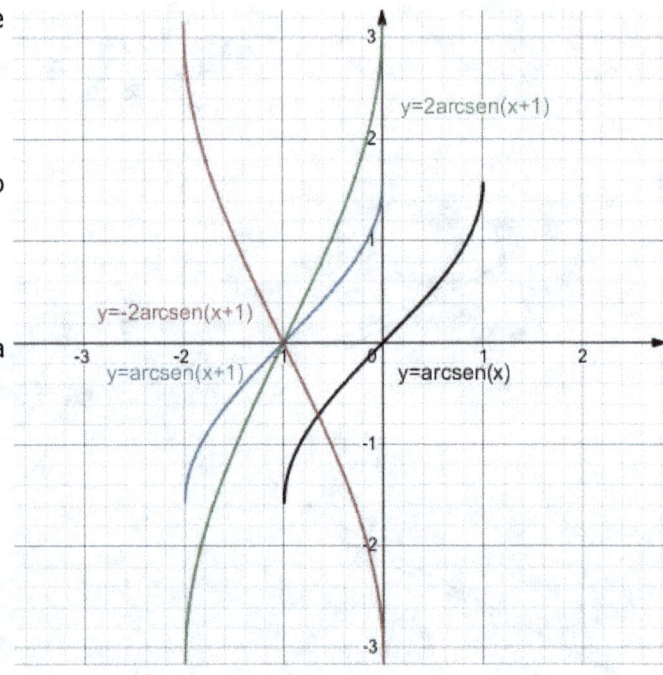

Esempio 3

Disegnare la funzione $f(x)=2^x$, disegnare la sua traslata di un vettore $v(1,3)$ e scriverne la sua espressione analitica.

La sua espressione analitica è $y=2^{x-1}+3$.

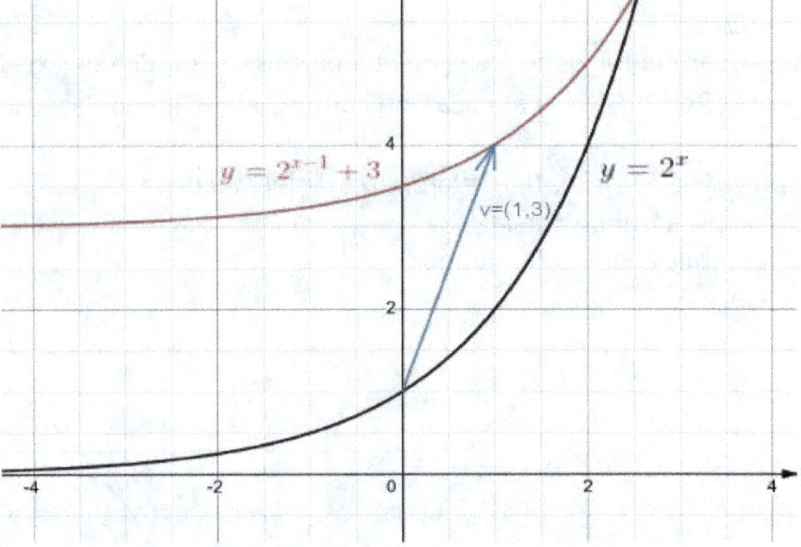

110

F69–Esercizi

1. Disegna la funzione $f(x)=e^x$, disegna la sua traslata di un vettore $v(-1,2)$ e scrivine la sua espressione analitica.
2. Disegna la funzione $f(x)=x^2-2x$ e la sua simmetrica rispetto all'asse x; Scrivi anche l'espressione analitica di questa seconda funzione.
3. Disegna la funzione $y=e^{x+1}$, ricordando che è una traslazione di $y=e^x$. Disegna e scrivi l'espressione analitica della sua simmetrica rispetto all'asse y.
4. Scrivi l'equazione della simmetrica rispetto all'origine della funzione $y=\dfrac{x^2-1}{x}$. (Non sei in grado di disegnare questi grafici, per ora; per curiosità si possono tracciare con un software come GeoGebra o Desmos).
5. Disegna sullo stesso grafico $y=\ln x$, $y=\ln(-x)$, $y=-\ln(x)$.
6. Disegna sullo stesso grafico $y=e^x$, $y=e^{-x}$, $y=-e^x$, $y=-e^{-x}$.
7. Determina Dominio e Codominio della funzione $f(x)=\arctan(x+1)$ e disegnala. Disegna inoltre $f(-x)$, $-f(x)$, $|f(x)|$ e $f(|x|)$ (individuare in modo comprensibile il grafico corrispondente a ogni funzione).
8. Disegna $y=e^x+1$. Indicane Dominio e Codominio. Indica sotto quali condizione è invertibile e calcolane l'inversa.
9. Disegna $y=e^{x+1}$. Indicane Dominio e Codominio. Indica sotto quali condizione è invertibile e calcolane l'inversa.
10. Disegna la funzione $y=2+\sqrt{2x-1}$ pensandola come una funzione che deriva da coniche. Indica quali trasformazioni geometriche vanno fatte per passare dalla funzione base $y=\sqrt{x}$ a questa.

Capitolo F7 – Esercizi di riepilogo

F71–Esercizi svolti

F71-1-Dominio e segno
Esempio 1

Determina il dominio di $y=\log_4\left(x^2-4\right)$.

Si deve porre $x^2-4>0$, dunque $x<-2 \vee x>2$.

Esempio 2

Determina il dominio di $y=\log_3\left(|x-1|\right)$.

Si deve porre *|x-1|>0*, dunque *x≠1*.

Esempio 3

Determina il dominio di $y=\log_3\left(|x|-1\right)$.

Si deve porre *|x|-1>0 |x|>1* cioè *x<-1 v x>1*.

Esempio 4

Determina il dominio di $y=\log_2\left(x+2\right)+\log_3\left(3-x\right)$.

L'argomento di entrambi i logaritmi deve essere maggiore di 0.

$$\begin{cases} x+2>0 \\ 3-x>0 \end{cases} \qquad \begin{cases} x>-2 \\ x<3 \end{cases} \qquad \text{perciò } -2<x<3.$$

Esempio 5

Determina dominio e segno della funzione $y=\log_2\left(x-3\right)$.

Determinare il dominio significa ricavare le CDE. Quindi *x-3>0   x>3*.

Per il segno bisogna individuare dove *y>0* all'interno del dominio.

$\log_2\left(x-3\right)>0 \qquad$ *x-3>1 $\qquad$ x>4*

Dunque la funzione è positiva per *x>4* e negativa per *3<x<4*.

Esempio 6

Determinare dominio e segno della funzione $\quad y=\dfrac{\ln\left(9-6x\right)}{\ln x-1}\quad$.

Per il dominio deve essere contemporaneamente

$$\begin{cases} 9-6x>0 \\ x>0 \\ \ln x-1\neq 0 \end{cases} \qquad \begin{cases} 6x<9 \\ x>0 \\ \ln x\neq 1 \end{cases} \qquad \begin{cases} x<\dfrac{3}{2} \\ x>0 \\ x\neq e \end{cases} \quad \text{; dunque è }\quad 0<x<\dfrac{3}{2}\quad .$$

Per il segno bisogna individuare dove $y>0$ all'interno del dominio.

$$\frac{\ln(9-6x)}{\ln x-1}>0$$

$N>0$ $\ln(9-6x)>0$ $9-6x>1$ $6x<9-1$ $x<\dfrac{8}{6}$ $x<\dfrac{4}{3}$

$D>0$ $\ln x-1>0$ $\ln x>1$ $x>e$

perciò il denominatore è sempre negativo nel dominio.

Pertanto la funzione è positiva nell'intervallo

$0<x<\dfrac{4}{3}$ e negativa nell'intervallo $\dfrac{4}{3}<x<\dfrac{3}{2}$.

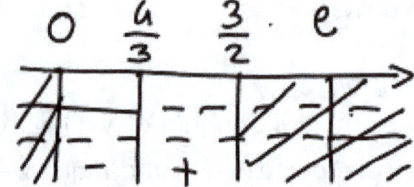

Esempio 7

Determinare dominio e segno per la funzione $y=\log_{\frac{1}{5}}\dfrac{2x+3}{x^2-25}$.

Per il dominio si pone maggiore di zero l'argomento del logaritmo

$$\frac{2x+3}{(x+5)(x-5)}>0$$

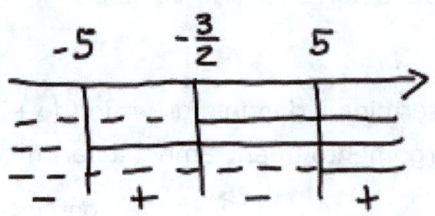

$N>0$ $2x+3>0$ $x>-\dfrac{3}{2}$

$D_1>0$ $x+5>0$ $x>-5$

$D_2>0$ $x-5>0$ $x>5$

Dunque il dominio è $-5<x<-\dfrac{3}{2}\vee x>5$

Per il segno bisogna individuare dove $y>0$ all'interno del dominio.

$\log_{\frac{1}{5}}\dfrac{2x+3}{x^2-25}>0$ $\dfrac{2x+3}{x^2-25}>1$ $\dfrac{2x+3-x^2+25}{x^2-25}>0$ $\dfrac{x^2-2x-28}{x^2-25}<0$

$N>0$ $x^2-2x-28>0$ $x_{1,2}=1\pm\sqrt{1+28}=1\pm\sqrt{29}$ $x<1-\sqrt{29}\vee x>1+\sqrt{29}$

$D>0$ $x^2-25>0$ $x<-5\vee x>5$

Pertanto la funzione è positiva nell'intervallo

$-5<x<1-\sqrt{29}\vee 5<x<1+\sqrt{29}$

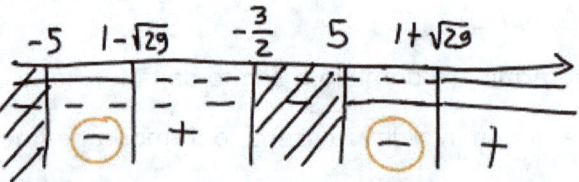

Esempio 8

Determina il dominio della funzione $y=\log_{x-2}(x-2)$

$$\begin{cases} x - 2 > 0 \\ x - 2 > 0 \end{cases} \qquad \begin{cases} x > 2 \\ x > 2 \end{cases} \qquad x>2$$

la base del logaritmo deve anche essere diversa da 1, pertanto è anche x-2≠1
x≠3.

F71-2-Immagine e controimmagine
Esempio 1
Determinare l'immagine di 0,3 per la funzione *y=log(x+1)*. Disegnare poi
y=log(x+1), 0,3 e la sua immagine.

Disegniamo *y=log(x)* (tratteggiato); trasliamo verso sinistra di 1 per ottenere
y=log(x+1).
0,3 si trova sull'asse delle ascisse; *f(0,3)*, va cercata intercettando l'intersezione
di *x=0,3* con la *y=log(x+1)*. *f(0,3)* è l'ordinata di questo punto di intersezione e si
calcola sostituendo 0,3 al posto della *x* in *y=log(x+1)*:
f(0,3)=log(0,3+1)=log(1,3).

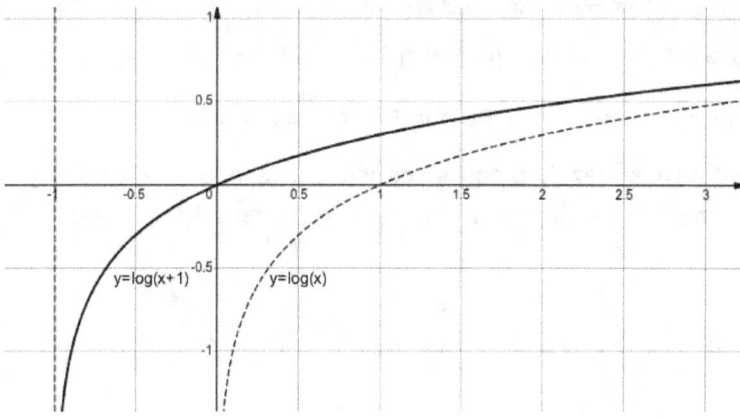

Esempio 2
Determina gli zeri della funzione *y=ln(2x²+3x-6)*.
Si pone *ln(2x²+3x-6)=0* e si risolve.

$2x^2+3x-6=1 \quad 2x^2+3x-7=0 \qquad x_{1,2}=\dfrac{-3\pm\sqrt{9-4\cdot 2\cdot(-7)}}{4}=\dfrac{-3\pm\sqrt{65}}{4}$ che sono gli

zeri della funzione.

Esempio 3

Calcolare la controimmagine di 3 per la funzione $y=\tan x$. Disegna poi la funzione, 3 e la sua controimmagine.

Disegniamo $y=\tan x$ e la retta orizzontale $y=3$.

Per determinare le controimmagini risolvo l'equazione $\tan x = 3$ e la soluzione è: $x=arctan(3)+k\pi$.

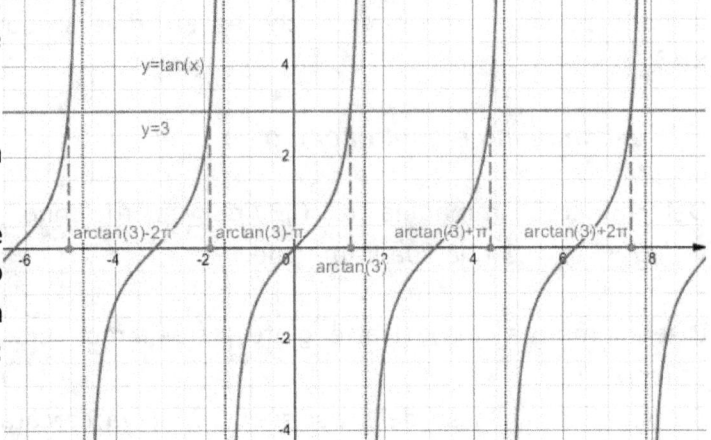

Esempio 4

Disegnare la funzione $f(x)=\begin{cases} e^{x}+1 & se\ x\leq 0 \\ 1 & se\ 0<x<3 \\ \ln(x-2) & se\ x\geq 3 \end{cases}$.

Determina l'immagine di 0 e -1. Determina $f(-4)$ e $f(4)$.

Determina la controimmagine di 1 e di $\frac{1}{2}$. Determina $f^{-1}(2)$ e $f^{-1}(-2)$.

Per studiare le funzioni definite a pezzi, bisogna considerarle a una a una e poi 'tagliarne' solo il pezzo indicato. Per esempio $e^{x}+1$ va disegnata solo per $x\leq 0$.

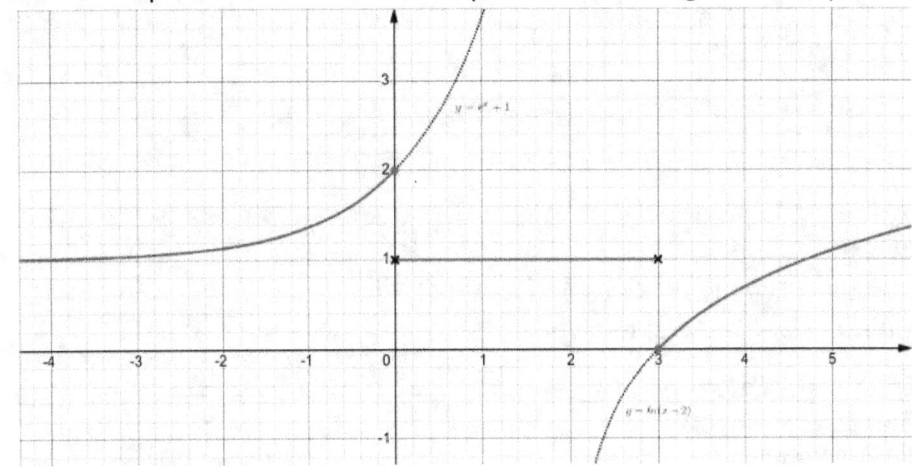

Calcolo delle immagini:

$f(0) = e^{0} + 1 = 2$ $\qquad\qquad$ $f(-1)=e^{-1} + 1$ $\qquad\qquad$ $f(-4)=e^{-4} + 1$

$f(4)=\ln(4-2)=\ln 2$

Per calcolare l'immagine devo prendere quel pezzo a cui corrisponde la x da calcolare. Ricordiamoci che l'immagine è unica.

Il successivo disegno delle immagini non è richiesto dall'esercizio, ma ha il solo scopo di rendere più chiara la spiegazione.

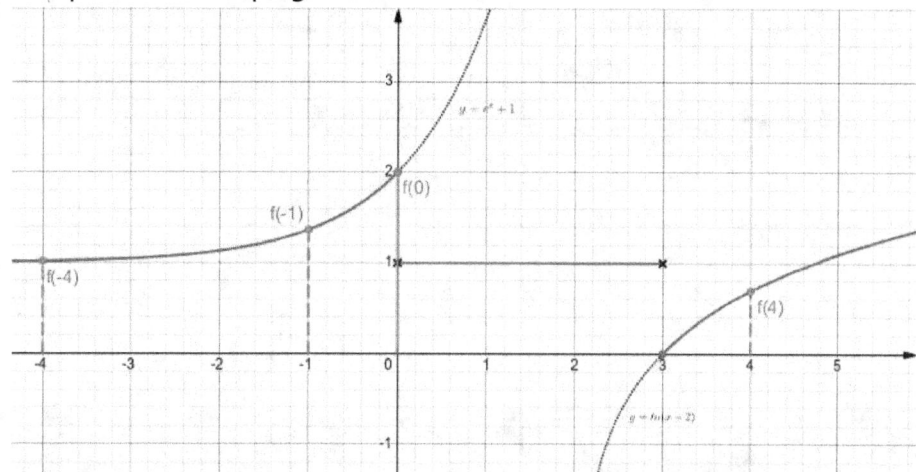

Invece per il calcolo della controimmagine vanno considerati tutti i pezzi. In questo caso, avendo a disposizione il grafico della funzione, per alcuni pezzi si possono evitare i calcoli.

Se non avessimo a disposizione il grafico, invece, si dovrebbero fare i calcoli per tutti i pezzi e poi vedere se le x trovate appartengono al pezzo considerato.

$f^{-1}(1)$ non va calcolato per $y=e^x+1$; infatti se $e^x+1=1$, $e^x=0$ che è impossibile ($y=1$ è asintoto orizzontale per $y=e^x+1$); tutte le $x \in (0,3)$ hanno come immagine 1 pertanto fanno parte della controimmagine di 1; il pezzo di $y=\ln(x-2)$ conterrà uno degli elementi che formano la controimmagine; per calcolarlo:

$1=\ln(x-2)$ $e^1= x-2$ $x=e+2$ dunque $f^{-1}(1)=(0,3) \cup \{e+2\}$.

Si ricordi che la controimmagine, come in questo caso, può essere formata da infiniti elementi.

$f^{-1}\left(\dfrac{1}{2}\right)$: guardando il disegno l'unico pezzo che può produrre elementi per la controimmagine è $y=\ln(x-2)$; per calcolarlo $\dfrac{1}{2}=\ln(x-2)$ $e^{\frac{1}{2}}=x-2$ $x=e^{\frac{1}{2}}+2$

$f^{-1}(2)$ va calcolato ponendo $e^x+1=2$ $e^x=1$ $x=0$

$\qquad\qquad\qquad\qquad\qquad\quad \ln(x-2)=2$ $x-2 = e^2$ $x = e^2+2$

$f^{-1}(2)=\{0, e^2+2\}$

$f^{-1}(-2)$ è l'insieme vuoto perchè -2 non ha controimmagine.

Anche in questo caso non è richiesto il grafico, che viene qui riprodotto solo per rendere più chiara la spiegazione.

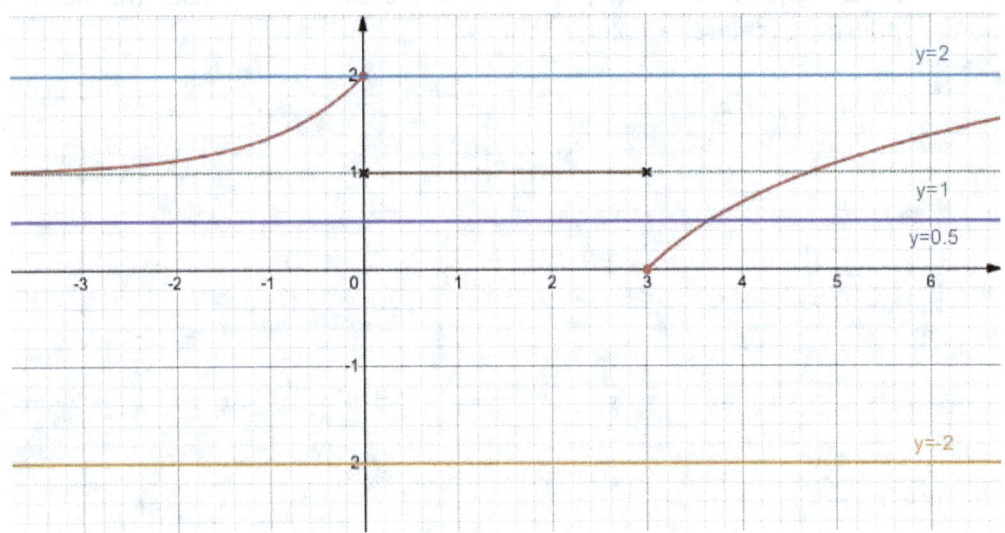

F71-3-Funzione composta

Esempio 1

Calcola $f(x)=g(h(x))$ dove $g(x)=\log x$ e $h(x)=x-2$. Disegna $y=f(x)$ e calcolane l'immagine per 5.

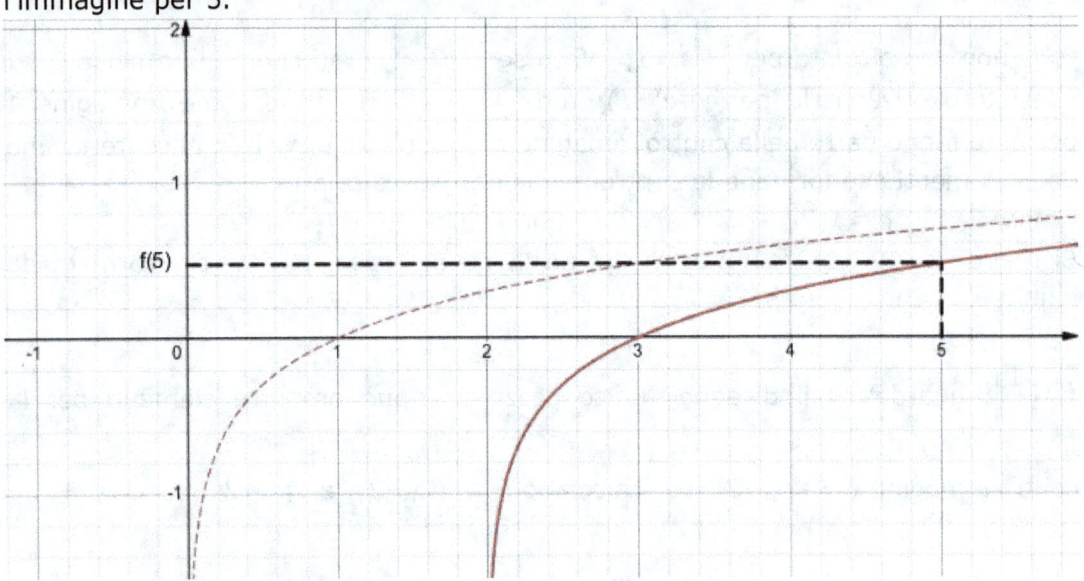

$g(h(x))=\log(x-2)$ è la traslazione verso destra di $y=\log x$.

L'immagine per 5 è $y=\log(5-2)=\log 3$.

F71-4-Funzione inversa
Esempio 1

Determina il dominio della funzione $y=\sqrt{\log\dfrac{x}{x-3}}$; calcola la controimmagine di 1

e di $\dfrac{1}{2}$. Calcola la funzione inversa.

Calcolo del dominio (CDE)

$$\begin{cases}\log\dfrac{x}{x-3}\geq 0\\[2mm] \dfrac{x}{x-3}>0\end{cases} \quad \begin{cases}\dfrac{x}{x-3}\geq 1\\[2mm] \dfrac{x}{x-3}>0\end{cases} \quad \begin{cases}\dfrac{x-x+3}{x-3}\geq 0\\[2mm] \dfrac{x}{x-3}>0\end{cases} \quad \begin{cases}\dfrac{3}{x-3}\geq 0\\[2mm] \dfrac{x}{x-3}>0\end{cases} \quad \begin{cases}x\geq 3\\ x<0\vee x>3\end{cases}$$

Dunque il dominio è $x>3$.

Calcolo della controimmagine di 1: $1=\sqrt{\log\dfrac{x}{x-3}}$ $1=\log\dfrac{x}{x-3}$ $10=\dfrac{x}{x-3}$

$10(x-3)=x$ $\qquad$ $10x-30-x=0$ $\qquad\qquad$ $9x=30$ $\qquad\qquad$ $x=\dfrac{10}{3}$

Calcolo della controimmagine di $\dfrac{1}{2}$: $\dfrac{1}{2}=\sqrt{\log\dfrac{x}{x-3}}$ $\dfrac{1}{4}=\log\dfrac{x}{x-3}$ $\sqrt[4]{10}=\dfrac{x}{x-3}$

$\sqrt[4]{10}(x-3)=x$ $(\sqrt[4]{10}-1)x=3\sqrt[4]{10}$ $\qquad$ $x=\dfrac{3\sqrt[4]{10}}{\sqrt[4]{10}-1}$

Funzione inversa di $y=\sqrt{\log\dfrac{x}{x-3}}$ $y^2=\log\dfrac{x}{x-3}$ $10^{y^2}=\dfrac{x}{x-3}$ $10^{y^2}(x-3)=x$

$x=\dfrac{3\cdot 10^{y^2}}{10^{y^2}-1}$ e infine scambio la x con la y per avere la funzione inversa $y=\dfrac{3\cdot 10^{x^2}}{10^{x^2}-1}$

Esempio 2

Disegna $f(x)=4-x^2$ e indicane dominio e codominio. Indicando come insieme di arrivo il codominio, la funzione è iniettiva, biiettiva o suriettiva?
Riducendone opportunamente dominio e codominio, scrivi l'equazione della funzione inversa e disegnala. Disegna poi $f(|x|)$ e $|f(x)|$.

Il dominio di $f(x)=4-x^2$ è l'insieme $\mathbb{R}$ e il codominio è $\left(-\infty,+4\right]$ poichè bisogna prendere le y minori o uguali all'ordinata del vertice della parabola. Per calcolare l'ordinata del vertice, si calcola prima l'ascissa con la formula $x_v=-\dfrac{b}{2a}$ e poi si sostituisce il valore trovato nell'equazione $y=4-x^2$.

$$x_v=-\frac{b}{2a}=\frac{0}{2}=0 \qquad y_v=4-x^2=4-0=4$$

Indicando come insieme di arrivo il codominio, la funzione è suriettiva poichè ad ogni y corrispondono una o più x.

Per invertire la funzione, bisogna restringere opportunamente dominio e codominio, in modo da renderla biettiva. Indicando come insieme di arrivo il codominio, la funzione è surriettiva.

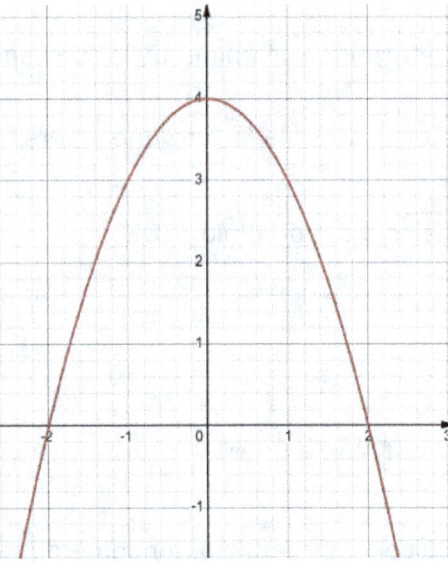

$$f:\mathbb{R} \; \rightarrow \; \left(-\infty,+4\right]$$
$$x \; \mapsto \; 4-x^2$$

Per avere una funzione biettiva, bisogna anche ridurre il dominio, escludendo dall'insieme di partenza le x negative, in modo tale che ad ogni y corrisponda una sola x

$$f:\left[0,+\infty\right) \; \rightarrow \; \left(-\infty,+4\right]$$
$$x \; \mapsto \; 4-x^2$$

A questo punto si esplicita la x e poi si scambia la x con la y.

$y=4-x^2$

$x^2=4-y$

$x=\pm\sqrt{4-y}$

Siccome è stato scelto $\mathbb{R}+$ come insieme di partenza, si prende solo

$x=+\sqrt{4-y}$

$y=\sqrt{4-x}$

Quindi $f^{-1}(x)=\sqrt{4-x}$.

Nella funzione inversa, il dominio e il codominio si scambiano rispetto a quelli della della funzione di partenza.

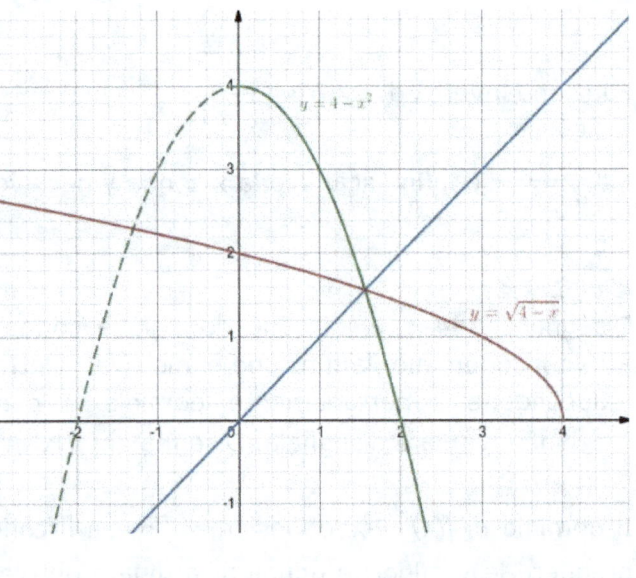

$$f^{-1}:\left(-\infty,+4\right] \; \rightarrow \; \left[0,+\infty\right)$$
$$\phantom{f^{-1}:}x \; \mapsto \; \sqrt{4-x}$$

Per disegnare la funzione inversa, si prende la metà positiva della parabola e si fa la simmetria rispetto a $y=x$; il disegno ottenuto sarà quello di $f^{-1}(x)$.

Disegnare $f(|x|)$ vuol dire sostituire a x il valore -x quando x<0.
Se $x\geq0$ $f(|x|)=f(x)$
se $x<0$ $f(|x|)=4-(-x)^2=f(x)$.
Dunque per questa funzione $f(|x|)=f(x)$.
In generale il disegno di una qualunque $f(|x|)$ è simmetrico rispetto all'asse y: si riproduce il grafico di $f(x)$ del semipiano delle x positive nel semipiano delle x negative. In questo caso la parabola $y=4-x^2$ è già simmetrica rispetto all'asse y.

Ora vediamo $|f(x)|$: bisogna ragionare sulle y, siccome si deve fare il valore assoluto delle y. Perciò le y positive rimarranno tali, invece quelle negative cambieranno di segno. Si prende quindi il disegno di $f(x)$, conservando la parte in cui la funzione è positiva e facendo la simmetria rispetto l'asse x della parte negativa.

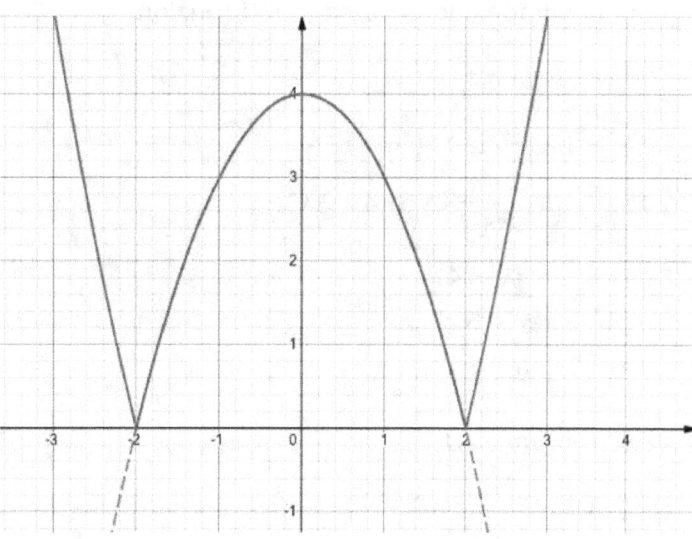

F72–Esercizi
Determina Dominio e Codominio delle seguenti funzioni e disegnale; indica se sono funzioni invertibili; in caso contrario restringi opportunamente insieme di partenza e insieme di arrivo per scrivere la funzione inversa; indica anche dominio e codominio dell'inversa e disegnala.

1. $y=e^{x+4}$
2. $y=2x^2+x-3$
3. $y=\arctan(2x-3)$
4. $y=3^{x+2}$
5. $y=3^x+2$
6. $y=\ln(2x+3)$
7. $y=\ln(1-2x)$
8. $y=\arctan(x+3)$
9. $y=\text{arcsen}(2x)$

10. $y=sen(2x)$

11. $y=\dfrac{1}{2}sen\left(x-\dfrac{\pi}{4}\right)$

12. $y=\dfrac{2-x}{3x+1}$

13. Disegna la funzione $y=3+2^{x+1}$ servendoti delle tue conoscenze sulle trasformazioni geometriche. Indica quali trasformazione geometriche hai usato. Dopo aver spiegato perché questa funzione è invertibile, determina l'equazione della funzione inversa e disegnala.

Determina il dominio delle seguenti funzioni

14. $y=\log_{\frac{1}{2}}\dfrac{x^2-1}{x+2}$

15. $y=\log(x^2-1)-\log(x+2)$

16. $y=\ln\dfrac{8-x}{3x+2}+\sqrt{5+4x-x^2}$

17. $y=\sqrt{\dfrac{x^2-4x}{x^2-5x+4}}$

18. $y=\log_{\frac{1}{2}}\left(\log_2\left(4-x^2\right)\right)$

19. $y=\ln(\ln(x-2))$

20. $y=\sqrt{\dfrac{\tan(x)-1}{sen(x)}}$

21. Le equazioni $y=\sqrt{\dfrac{x-4}{5x+4}}$ e $y=\dfrac{\sqrt{x-4}}{\sqrt{5x+4}}$ rappresentano la stessa funzione? Spiega perché.

22. Le equazioni $y=\log(x-4)-\log(5x+4)$ e $y=\log\dfrac{x-4}{5x+4}$ rappresentano la stessa funzione? Spiega perché.

Determina il codominio delle seguenti funzioni

23. $y=e^x+1$

24. $y=2senx$

Determina il segno per le seguenti funzioni all'interno del loro dominio. Riporta poi le informazioni ottenute su un grafico cartesiano. Indica inoltre sul grafico le intersezioni con gli assi.

25. $y=arcsen(2x-1)$

26. $y=\dfrac{x-3}{2-\log x}$

27. $y = \dfrac{3x-4}{3-x^2}$

28. $y = \sqrt[3]{\dfrac{x}{x-7}}$

29. $y = \sqrt{4-x^2}$

30. $y = \dfrac{1}{2-\ln x}$

31. $y = \sqrt{\log \dfrac{x}{x-3}}$

32. $y = \sqrt{\log \dfrac{1}{x-3}}$

33. $y = \log_{\frac{1}{5}} \dfrac{2x+3}{x+1}$

34. $y = \log_{\frac{1}{2}} \dfrac{x^2-1}{x+2}$

35. $y = \dfrac{\log(2-x)}{\log x}$

36. $y = \ln(\ln(x-3))$

37. Data $f(x)=2x^5+7x^3+x-5$, sia $g(x)$ la sua funzione inversa. La controimmagine di 1 per $g(x)$ è...

38. Date le funzioni $f(x) = \dfrac{x+1}{x}$ e $g(x)=x^2$ determina $h(x)=f(g(x))$ e risolvi la disequazione $h(x) \le f(2x)$.

39. Siano $f(x)=x^2-1$ e $g(x)=2e^x+1$. Determina dominio e codominio di entrambe le funzioni e disegnale. Calcola $f(g(x))$ e $g(f(x))$.

40. La funzione $f(x)$ ha le seguenti proprietà
   - $f(1)=2$
   - $f(2x)=4f(x)+6$
   - $f(x+2)=f(x)+12x+12$
   - Calcola $f(6)$.

41. Determina dominio e codominio di $f(x)=\begin{cases} e^x+1 & se\ x \le 0 \\ 1 & se\ 0 < x < 3 \\ \ln(x-2) & se\ x \ge 3 \end{cases}$.

   Determina $f(1)$, $f(4)$, $f^{-1}(-1)$, $f^{-1}(-4)$.

42. Disegna la funzione $y = \sqrt[3]{x+1}$.

43. Disegna la funzione $y = |1-x^2|$.

44. Disegna la funzione $y=\sqrt{|x^2-4|}$.

45. Disegna la funzione $y=\sqrt{|1-2|x|\|}$.

46. Disegna la funzione $y=-2+\sqrt{2x^2+1}$. Indicane Dominio e codominio.

47. Data una funzione tale che $f(x+1)=\dfrac{2f(x)+1}{2}$ e tale che f(2)=2, quanto

vale f(1)?

48. Osserva il grafico di f(x) e indica Dominio, Codominio, l'intervallo/gli intervalli in cui la funzione è crescente. f(x) è iniettiva, biiettiva o suriettiva o niente di tutto ciò?

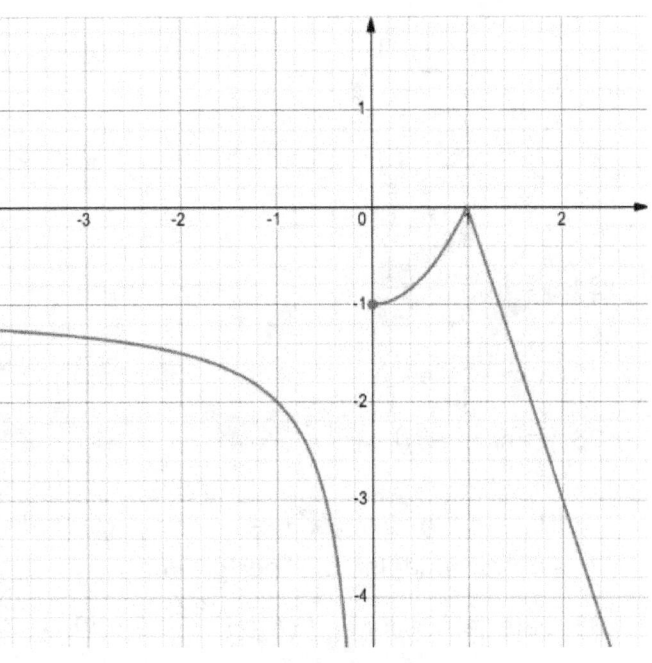

49. Dire quali funzioni f(x), g(x), h(x) compongono la funzione $y=f(g(h(x)))=\sqrt[3]{\cos 2x}$. Questa funzione è pari, dispari o né pari né dispari?

50. Indica le funzioni f(x) g(x) e h(x) sapendo che f(g(h(x)))=2sen(x³).

51. La funzione $y=-3x^2+2x+1$ è iniettiva, suriettiva o biiettiva? Quale curva rappresenta? Disegnala. Trova la controimmagine di y=-2. Trova la controimmagine di y=2. Quale elemento del codominio di questa funzione ha una sola controimmagine? (scrivine le coordinate). Restringi opportunamente il dominio e il codominio di questa funzione per avere una funzione biiettiva. Ricavane la funzione inversa e disegnala.

52. La funzione $y=-2x^2+3x-2$ è iniettiva, suriettiva o biiettiva? Quale curva rappresenta? Disegnala. Trova la controimmagine di y=-1. Trova la controimmagine di y=1. Quale elemento del codominio di questa funzione ha una sola controimmagine? (scrivine le coordinate). Restringi

opportunamente il dominio e il codominio di questa funzione per avere una funzione biiettiva. Ricavane la funzione inversa e disegnala.

53. Determina l'immagine di 3 per la funzione $y=\log(x-1)$. Disegna poi $y=\log(x-1)$, 3 e la sua immagine.

54. Determina l'immagine di 0,3 per la funzione $y=\log(x+1)$. Disegna poi $y=\log(x+1)$, 0,3 e la sua immagine.

55. Determina il dominio e gli zeri della funzione $y=\ln(3x^3-x^2-x)$.

56. Disegna la funzione $y=\cos(2x)+1$. Indica quali trasformazioni geometriche sono state fatte a partire dalla funzione $y=\cos x$.

57. Disegna la funzione $f(x)=\begin{cases} x^2+2x & se\ x<0 \\ \text{sen}(x) & se\ 0\le x\le \pi \\ -x+4 & se\ x>\pi \end{cases}$.

Determina l'immagine di 6 indicandola sul grafico.

Determina la controimmagine di 1, indicandola sul grafico.

Determina gli zeri di $f(x)$.

58. Disegna la funzione $f(x)=\begin{cases} 1-\sqrt{2-x} & se\ x\le 2 \\ -x^2+2x+1 & se\ x>2 \end{cases}$.

Indicane Dominio e codominio.

59. Disegna la funzione

$$f(x)=\begin{cases} 1 & se\ x<1 \\ \text{arcsen}(x) & se\ -1\le x\le 1 \\ x^2+\dfrac{\pi}{2}-1 & se\ x>1 \end{cases}$$

calcola l'immagine di 1, l'immagine di 2 e la controimmagine di 0,3 .

Appendice A – Insiemi numerici e funzioni

FA1–Introduzione

Le funzioni possono essere applicate a un insieme di qualunque natura.
Per l'uso che faremo noi delle funzioni, gli insiemi saranno numerici e in particolare sarà privilegiato l'insieme dei numeri reali.
Analizziamo brevemente, senza la pretesa di essere esaustivi, i principali insiemi numerici.
Dopo di che faremo qualche esempio calato sulle funzioni.

FA2–Numeri naturali

La numerazione progressiva viene denominata "naturale" proprio perché risulta naturale fin dall'infanzia contare con una progressione di numeri.

$$\mathbb{N} = \left[0, 1, 2, \dots\right)$$

Possiamo anche pensare di inserire i numeri naturali su una retta, partendo da un punto detto origine e spostandoci verso destra di una lunghezza fissa (l'unità di misura, che potremmo identificare con un passo) inseriamo in progressione i numeri naturali.

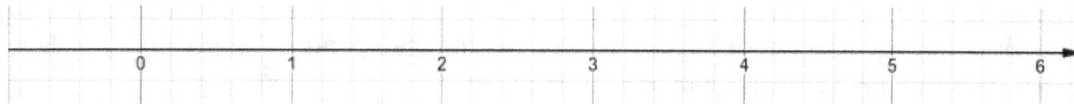

Nell'insieme dei numeri naturali è sempre possibile fare le operazioni di addizione e moltiplicazione, cioè il risultato di queste due operazioni è un numero naturale. Si dice che addizione e moltiplicazione sono interne all'insieme dei numeri naturali.

Esempio

Sia $f : \mathbb{N} \to \mathbb{N}$, $n \mapsto 2n$ la funzione che associa a un numero naturale il suo doppio.

Si tratta effettivamente di una funzione perché il doppio di ogni numero naturale è un numero naturale.
La funzione è iniettiva. Infatti se considero un numero pari, esso avrà la controimmagine. Un numero dispari avrà come controimmagine l'insieme vuoto.
Se si restringesse l'insieme di arrivo all'insieme dei numeri pari si avrebbe una funzione biiettiva. Si noti dunque che i numeri naturali sono tanti quanti i numeri pari. Se considerassimo un sottoinsieme finito di $\mathbb{N}$ questa affermazione sarebbe un'assurdità, ma ricordiamoci che stiamo lavorando su insiemi infiniti.

FA3–Numeri relativi

Se addizione e moltiplicazione sono sempre possibili in $\mathbb{N}$, così non è per la sottrazione. L'operazione 5-7, per esempio, non è possibile. È necessario ampliare l'insieme con nuovi elementi, conservando le proprietà già presenti nell'insieme originario $\mathbb{N}$.

Possiamo anche ricorrere alla retta in cui abbiamo inserito i numeri naturali. Progredendo da 0 verso destra abbiamo già inserito i numeri naturali. Regredendo da 0 verso sinistra si possono inserire ancora numeri interi che sono contrassegnati dal segno meno davanti. (invece di fare passi avanti, facciamo passi indietro).

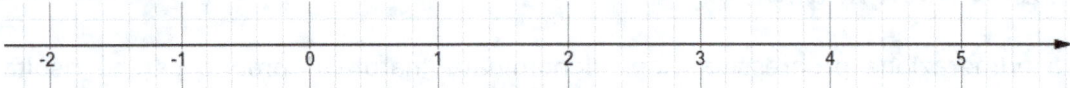

Abbiamo creato l'insieme $\mathbb{Z}$ dei numeri relativi, dove anche la sottrazione è operazione interna. Per esempio la sottrazione 5-7=-2.

Esempio

Sia $f: \mathbb{Z} \rightarrow \mathbb{Z}$.
$$x \mapsto 3x-5$$

Si tratta effettivamente di una funzione perché svolgendo l'operazione 3x-5 si ottiene ancora un numero relativo.
La funzione è iniettiva, perché gli elementi dell'insieme $\mathbb{Z}$ o hanno un solo elemento come controimmagine o non ne hanno nessuno.

FA4–Numeri razionali

Ampliamo l'insieme dei numeri relativi anche per rendere interna la divisione. La divisione 2:3 non è possibile in $\mathbb{Z}$. Costruiamo $\mathbb{Q}$ insieme dei numeri razionali. Per esempio il numero relativo $\frac{3}{4}$ rappresenta la quantità ottenuta dividendo l'intero in 4 parti uguali e prendendone 3. il risultato della divisione 2:3 è pertanto $\frac{2}{3}$.

Anche i numeri razionali trovano posto nella retta dei numeri suddividendo l'unità di misura in tante parti quante sono le parti in cui frazion l'intero.

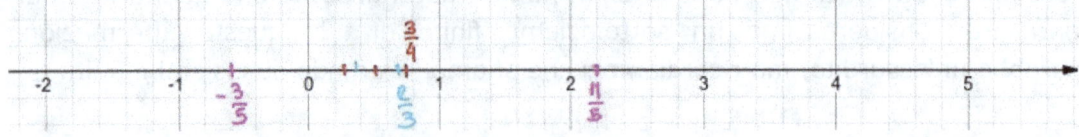

È possibile fornire una rappresentazione dei numeri razionali come numeri decimali. Le frazioni potranno originare dei numeri decimali finiti o dei numeri decimali periodici (semplici o misti).

Per esempio $\quad \dfrac{3}{4}=0,75 \quad , \quad \dfrac{5}{3}=1,666..=0,\bar{6} \quad , \quad \dfrac{2}{15}=0,13333..=1,1\bar{3}$.

Si noti che non tutte le divisioni sono possibili. Infatti non sarà mai possibile fare la divisione per 0.

Anche i numeri razionali possono essere messi in corrispondenza 1:1 con i numeri naturali. Per questo si può dire che i numeri razionali sono tanti quanti i numeri naturali.
Per fare questo basta trovare un modo per mettere "in fila" i numeri razionali. Senza approfondire si osservi la figura a lato.
Le frecce indicano un modo per ordinare uno dietro l'altro i numeri razionali, in modo da renderli numerabili.
Se un insieme può essere messo in corrispondenza 1:1 con l'insieme dei numeri naturali si dice che ha la potenza del numerabile o che è numerabile.

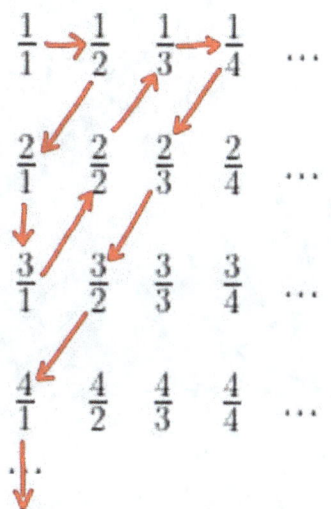

FA5–Numeri reali

Tra gli elementi dell'insieme $\mathbb{Q}$ non vi è la soluzione di equazioni come $x^2=2$ oppure $x^3+x-1=0$. Ma neanche un numero come π non è compreso nell'insieme $\mathbb{Q}$. Si tratta ancora una volta di fare un ampliamento dell'insieme. Il nuovo insieme viene indicato con la lettera $\mathbb{R}$ ed è l'insieme dei numeri reali.
I numeri reali si suddividono in **numeri algebrici**, che possono essere soluzioni di equazioni a coefficienti interi e **numeri trascendenti**, che non provengono da tali equazioni (come per esempio il numero π e il numero e, numero di Nepero).
Anche i numeri reali possono essere inseriti sulla retta graduata, che prende il nome di retta reale.
Si può dimostrare che l'insieme dei numeri reali non è numerabile (ovvero non può essere messo in corrispondenza 1:1 con l'insieme dei numeri naturali).

FA6–Numeri complessi

Infine anche le radici quadrate di numeri negativi possono avere cittadinanza ampliando l'insieme dei numeri reali.
Si definisce $\quad \sqrt{-1}=i \quad$ e si costruiscono così i numeri immaginari. La somma di un

numero immaginario e un numero reale forma un numero complesso. I numeri complessi hanno le loro regole per svolgere le operazioni, che sono del tutto analoghe alle usuali operazioni algebriche.

Il simbolo dell'insieme dei numeri complessi è $\mathbb{C}$.

I numeri complessi non possono essere inseriti sulla retta reale. Per la loro rappresentazione grafica si ricorre a un piano, detto piano di Argand-Gauss.

Esistono anche funzioni a variabili complesse, ma esse ci porterebbero troppo lontano dagli argomenti di questo testo e solitamente non sono trattate in un percorso di scuola superiore.

Appendice B – Relazioni

FB1–Definizione di relazione

In questo libro abbiamo studiato le funzioni, che sono particolari relazioni.

Si chiama **relazione** una regola che lega un elemento di un insieme detto di partenza a un elemento di un altro insieme, detto di arrivo.

Si nota subito che in questa definizione non c'è il vincolo di unicità come nella definizione di funzione.

Osserviamo ora alcuni esempi di relazioni servendoci delle stesse rappresentazioni che abbiamo usato per le funzioni.

Rappresentazione sagittale.

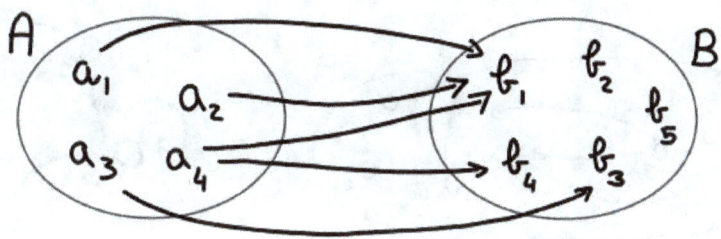

La rappresentazione della stessa relazione può essere fatta nel piano cartesiano:

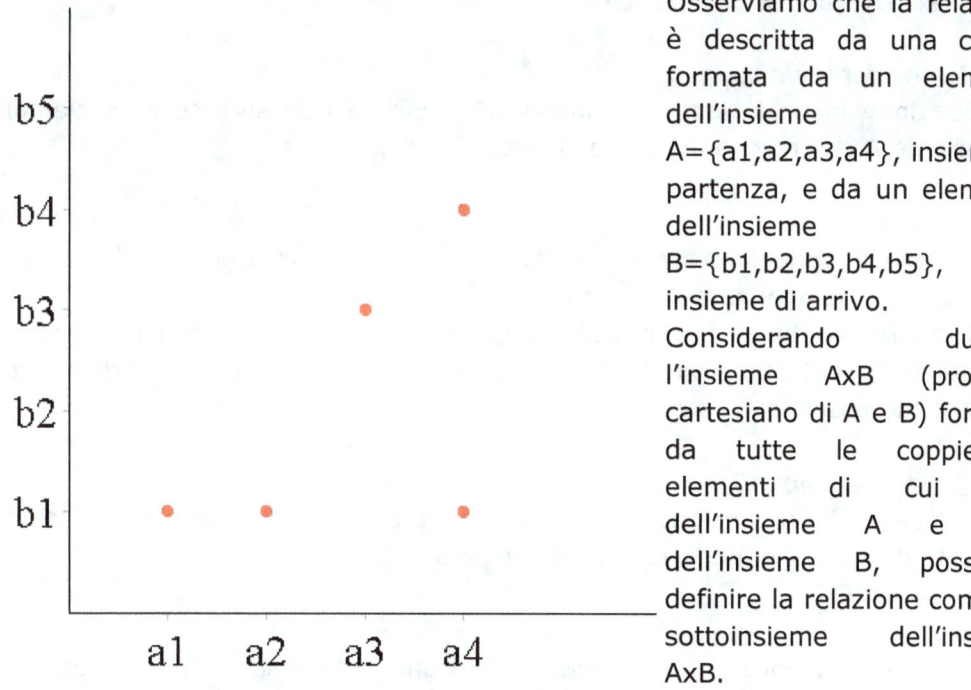

Osserviamo che la relazione è descritta da una coppia formata da un elemento dell'insieme A={a1,a2,a3,a4}, insieme di partenza, e da un elemento dell'insieme B={b1,b2,b3,b4,b5}, insieme di arrivo.

Considerando dunque l'insieme AxB (prodotto cartesiano di A e B) formato da tutte le coppie di elementi di cui uno dell'insieme A e uno dell'insieme B, possiamo definire la relazione come un sottoinsieme dell'insieme AxB.

Indichiamo per completezza anche il terzo modo con cui rappresentare questa relazione: la rappresentazione analitica.

$r: A \rightarrow B$

$a_1 \mapsto b_1$

$a_2 \mapsto b_1$

$a_3 \mapsto b_3$

$a_4 \mapsto b_1$

$a_4 \mapsto b_4$

Se insieme di partenza e l'insieme di arrivo sono lo stesso insieme abbiamo un'ulteriore rappresentazione: il grafo.

Prendiamo per esempio questa relazione nell'insieme A={a1,a2,a3,a4,a5} con a fianco la sua rappresentazione sotto forma di grafo:

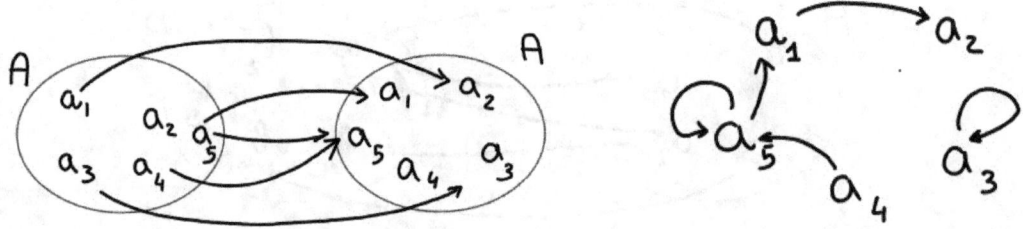

Le relazioni definite in un insieme possono godere di alcune proprietà.

FB2–Proprietà delle relazioni

FB2-1-proprietà riflessiva

Una relazione in un insieme A gode della proprietà riflessiva se ogni elemento dell'insieme A è in relazione con sé stesso.

Esempio

La relazione di uguaglianza nell'insieme dei numeri naturali gode della proprietà riflessiva, perché ogni numero è uguale a sé stesso.

Non tutte le relazioni godono della proprietà riflessiva. La relazione "essere il successivo di" nei numeri naturali non è riflessiva. Infatti un numero non può essere il successivo di sé stesso.

FB2-2-proprietà antiriflessiva

Una relazione in un insieme A gode della proprietà antiriflessiva se nessun elemento dell'insieme A è in relazione con sé stesso.

Esempio

La relazione di minore (<) nell'insieme dei numeri naturali gode della proprietà antiriflessiva, perché un numero non può essere minore di sé stesso.

Invece la relazione "minore o uguale" ($\leq$) nell'insieme dei numeri naturali non gode della proprietà antiriflessiva, perché un numero è minore o uguale a sé stesso.

FB2-3-proprietà simmetrica

Una relazione in un insieme A gode della proprietà simmetrica se quando l'elemento a è in relazione l'elemento b, anche l'elemento b è in relazione con l'elemento a.

Esempio

La relazione di similitudine tra figure geometriche gode della proprietà simmetrica. Infatti se la figura α è simile alla figura β, la figura β è simile alla figura α.

FB2-4-proprietà antisimmetrica

Una relazione in un insieme A gode della proprietà antisimmetrica se quando l'elemento a è in relazione l'elemento b,diverso da a, l'elemento b non è in relazione con l'elemento a.

Esempio

La relazione di minore ($<$) nell'insieme dei numeri naturali gode della proprietà antisimmetrica. Infatti se a<b, non è vero che b<a.

FB2-5-proprietà transitiva

Una relazione in un insieme A gode della proprietà simmetrica se quando l'elemento a è in relazione l'elemento b e l'elemento b è in relazione con l'elemento c, allora l'elemento a è in relazione con l'elemento c.

Esempio

La relazione parallelismo nell'insieme delle rette del piano gode della proprietà transitiva. Infatti se la retta r è parallela alla retta s e la retta s è parallela alla retta t, allora la retta r è parallela alla retta t.

La relazione di perpendicolarità invece non gode della proprietà transitiva. Infatti se la retta r è perpendicolare alla retta s e la retta s è perpendicolare alla retta t, non è vero che la retta r è perpendicolare alla retta t.

FB3–Relazioni di equivalenza

FB3-1-definizione

Una relazione che gode della proprietà riflessiva, simmetrica e transitiva è una relazione di equivalenza.

Esempio1

La relazione di uguaglianza è la relazione di equivalenza per eccellenza.

a=a, se a=b allora b=a, se a=b e b=c allora a=c.

Esempio2

La relazione di parallelismo è una relazione di equivalenza.

a // a (una retta è parallela con sé stessa) , se a//b allora b//a, se a//b e b//c allora a//c.

Possiamo pensare di raggruppare tutte le rette parallele tra loro in un unico insieme. Una retta appartiene a uno solo di questi insiemi. Ciascuno di questi insiemi ha una caratteristica che ha solo lui e nessun altro: possiamo indicarla come la direzione comune a tutte le rette.

Più in generale rispetto all'Esempio 2 descritto sopra, data una relazione di equivalenza è possibile pensare di raggruppare tra loro tutti gli elementi che sono in relazione tra loro. Ognuno di questi insiemi prende il nome di "classe di equivalenza". Per ogni classe di equivalenza si può scegliere un elemento che le appartiene e che faccia da rappresentante per tutti gli altri elementi dell'insieme.

Esempio 3

Consideriamo l'insieme delle frazioni e come relazione l'equivalenza tra frazioni (moltiplicando o dividendo per una stessa quantità diversa da zero sia il numeratore sia il denominatore di una frazione ottengo una frazione equivalente a quella data). Si tratta effettivamente di una relazione di equivalenza.

Dividiamo le frazioni in classi di equivalenza. Dunque in ciascuna classe di equivalenza stanno tutte le frazioni equivalenti tra loro. Ogni classe di equivalenza è un numero razionale. Si può dire che l'insieme di queste classi di equivalenza è l'insieme $\mathbb{Q}$ dei numeri razionali.

Esempio 4

Consideriamo l'insieme di tutti i segmenti e come relazione la congruenza. Anche la congruenza è una relazione di equivalenza. Considero le classi di equivalenza di tutti i segmenti tra loro congruenti. La caratteristica comune di tutti i segmenti appartenenti alla stessa classe di equivalenza è la lunghezza.

FB3-2-classi di equivalenza

Più in generale rispetto all'Esempio 3 descritto sopra, data una relazione di equivalenza è possibile pensare di raggruppare tra loro tutti gli elementi che sono in relazione tra loro. Ognuno di questi insiemi prende il nome di "classe di equivalenza". Per ogni classe di equivalenza si può scegliere un elemento che le appartiene e che faccia da rappresentante per tutti gli altri elementi dell'insieme.

Esempio 1

Consideriamo l'insieme delle frazioni e come relazione l'equivalenza tra frazioni (moltiplicando o dividendo per una stessa quantità diversa da zero sia il numeratore sia il denominatore di una frazione ottengo una frazione equivalente a quella data). Si tratta effettivamente di una relazione di equivalenza.

Dividiamo le frazioni in classi di equivalenza. Dunque in ciascuna classe di equivalenza stanno tutte le frazioni equivalenti tra loro. Ogni classe di equivalenza è un numero razionale. Si può dire che l'insieme di queste classi di equivalenza è l'insieme $\mathbb{Q}$ dei numeri razionali.

Esempio 2

Consideriamo l'insieme di tutti i segmenti e come relazione la congruenza. Anche la congruenza è una relazione di equivalenza. Considero le classi di equivalenza di tutti i segmenti tra loro congruenti. La caratteristica comune di tutti i segmenti appartenenti alla stessa classe di equivalenza è la lunghezza.

FB4—Relazioni d'ordine

Ci sono due tipi di relazione d'ordine. Entrambi i tipi devono godere della proprietà antisimmetrica e transitiva.

Una relazione che gode della proprietà antiriflessiva, antisimmetrica e transitiva è una **relazione d'ordine largo**.

Una relazione che gode della proprietà riflessiva, antisimmetrica e transitiva è una **relazione d'ordine stretto**.

Esempio1

La relazione $\leq$ è la relazione d'ordine largo per eccellenza.

La relazione $<$ è la relazione d'ordine stretto per eccellenza.

Non a caso i simboli $<$ e $\leq$ si utilizzano per indicare le relazioni d'ordine in generale.

Esempio2

Nell'insieme dei numeri naturali la relazione "è multiplo di..." è una relazione d'ordine largo. Infatti un numero è multiplo di sé stesso, se a e multiplo di b, ma diverso da a, b non può essere multiplo di a. Infine se a è multiplo di b e b è multiplo di c, allora a è multiplo di c.

Una **relazione d'ordine** si dice **totale** se presi a piacere due elementi dell'insieme è sempre possibile dire che a è in relazione con b o b è in relazione con a. In caso contrario la relazione si dice d'ordine parziale.

Esempio 3

La relazione $<$ nell'insieme dei numeri reali è d'ordine totale.

Esempio 4
Nel precedente esempio 2 la relazione "è multiplo di.." è d'ordine parziale.

FB5–Relazione inversa

Scambiando l'insieme di partenza con l'insieme dì arrivo otteniamo una relazione detta relazione inversa. Data una relazione è sempre possibile costruire la sua relazione inversa.
La relazione inversa può essere sempre definita. Non è così per la funzione inversa, che può essere definita solo sotto opportune condizioni.

Appendice C – Successioni numeriche

FC1–Definizione e rappresentazione analitica

Una successione numerica non è altro che una particolare funzione che ha come dominio $\mathbb{N}$ o un suo sottoinsieme infinito. Il generico elemento immagine di n viene indicato con a_n.

$$f : \mathbb{N} \ \rightarrow \ B$$
$$n \ \mapsto \ a_n$$

Per indicare come è fatta la successione si può scrivere l'espressione analitica che permette di calcolare il generico termine a_n. Questa scrittura è del tutto simile a quella delle funzioni. Per rappresentarla su un grafico, si può utilizzare il supporto reale.

Esempio

$$a_n = \frac{n}{n+1}$$

Rappresente la successione di frazioni $\quad 0, \dfrac{1}{2}, \dfrac{2}{3}, \dfrac{3}{4}, \dfrac{4}{5} \ldots \dfrac{22}{23} \ldots$.

Si può notare che queste frazioni sono sempre più vicine a 1.

Si può rappresentare la funzione in un diagramma cartesiano utilizzando il supporto reale (nel nostro esempio $\quad y = \dfrac{x}{x+1}$) e poi considerando i soli punti che hanno ascissa naturale.

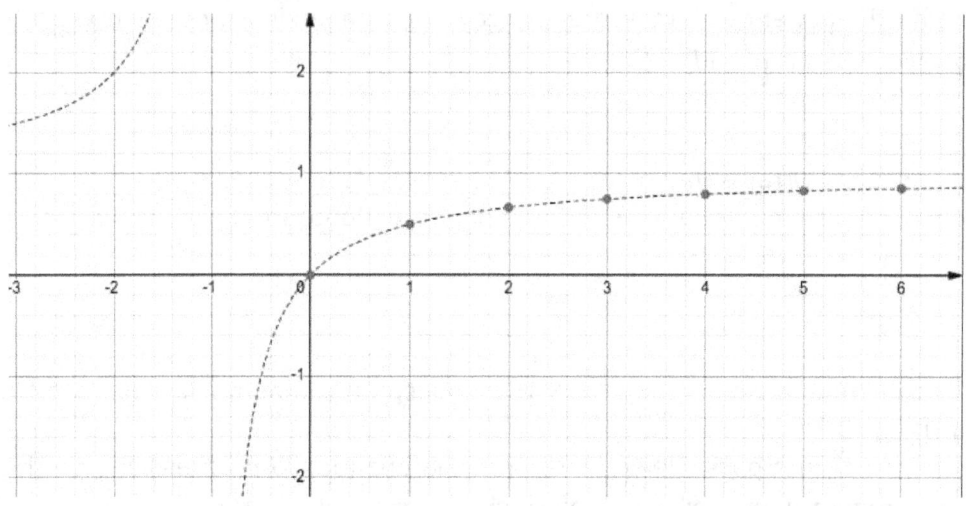

FC2–Rappresentazione ricorsiva

Una successione può essere rappresentata in modo ricorsivo: ogni termine è espresso in funzione dei precedenti.

Esempio1

L'esempio più famoso è la successione di Fibonacci, in cui ogni termine è la somma dei due precedenti.

$$\begin{cases} a_0 = 0 \\ a_1 = 1 \\ a_n = a_{n-1} + a_{n-2} \end{cases}$$

Dunque la successione è 0,1,1,2,3,5,8,13,21,34,55…..

Si noti che per definire bene una successione in modo ricorsivo bisogna dare l'elemento o gli elementi di partenza.

Esempio2

Un altro esempio altrettanto famoso di forma ricorsiva sono le progressioni aritmetiche.

Fissato un numero, detto ragione d, ogni elemento della successione si ottiene dal precedente aggiungendo la ragione d.

$$\begin{cases} a_0 \\ a_n = a_{n-1} + d \end{cases}$$. Per descrivere una successione si deve indicare il numero di

partenza a_0 e la ragione d.

Per esempio la progressione 1,5,9,13,17,21….ha come elemento iniziale $a_0=1$ e come ragione d=4.

Nel caso della progressione aritmetica possiamo ricavare la rappresentazione analitica. Infatti il generico elemento a_n si ricava aggiungendo ad a_0 per n volte la ragione d. Pertanto $a_n = a_0 + nd$.

Esempio3

Terminiamo con un altro esempio classico: le progressioni geometriche.

In questo caso il termine generico si ottiene dal precedente moltiplicandolo per un numero fisso q, detto ragione.

$$\begin{cases} a_0 \\ a_n = a_{n-1} \cdot q \end{cases}$$.

Per esempio la progressione 2,6,18,54,162…ha come elemento iniziale $a_0=2$ e come ragione q=3.

Anche in questo caso è possibile scrivere in forma analitica la progressione poiché il generico elemento a_n si ricava moltiplicando a_0 per n volte la ragione q. Pertanto $a_n = a_0 \cdot q^n$.

FC3–Somma dei primi n termini di una successione

Si può definire la somma dei primi n termini di una successione; è anch'essa una successione.

$$S_n = a_0 + a_1 + a_2 + \dots a_{n-1} = \sum_{i=0}^{n-1} a_i$$. Si noti il simbolo di sommatoria (Σ) che si legge

"somme per i che va da 0 a n-1 di a con i".

Esempio1
Somma dei primi *n* numeri naturali.

Per sommare agilmente i primi *n* numeri si può pensare di disporre una prima fila degli n numeri e sotto una seconda fila degli stessi n numeri ma disposti in ordine decrescente.

1	2	3	4	5......	n-2	n-1	n
n	n-1	n-2.........			3	2	1

Sommando ciascuna colonna otteniamo sempre il numero *n+1*. In tutto ci sono n colonne. Dunque la somma di queste colonne è *n(n+1)* che è esattamente la metà della somma cercata.

Perciò la somma dei primi *n* numeri naturali è $\dfrac{n(n+1)}{2}$.

Esempio2
Somma dei primi *n* termini di una progressione aritmetica.

Anche per questo secondo esempio utilizzo la tecnica precedente e allineo due volte i termini, una in senso crescente e l'altra in senso decrescente.

a_0	a_1	a_2	........a_{n-1}
a_{n-1}	a_{n-2}	a_{n-3}	........a_0

Sommiamo ciascuna colonna e otteniamo sempre la stessa quantità

$a_0 + a_{n-1} = a_0 + a_0 + (n-1)d = 2\,a_0 + (n-1)d$

Sono n colonne per cui la somma dei primin numeri della progressione è

$$S_n = \frac{n \cdot (a_0 + a_{n-1})}{2} = a_0 \cdot n + \frac{d \cdot n \cdot (n-1)}{2}$$

Esempio3
Somma dei primi *n* termini di una progressione geometrica.
Consideriamo i primi n termini e scriviamoli in forma analitica

$$S_n = \sum_{i=0}^{n-1} a_i = a_0 + a_1 + a_2 + \dots a_{n-1} = a_0 + a_0 \cdot q + a_0 \cdot q^2 + \dots + a_0 \cdot q^{n-1} = a_0 \cdot (1 + q + q^2 + \dots + q^{n-1})$$

La somma $1 + q + q^2 + \dots + q^{n-1}$ può essere pensata come il quoziente della divisione $(q^{n-1} - 1):(q-1)$. Dunque la formula per ricavare la somma dei primi n termini di una progressione geometrica è $\quad S_n = a_0 \cdot \dfrac{1-q^{n-1}}{1-q}$.

Appendice D – Funzioni che derivano da coniche

FD1–Introduzione

Nel primo capitolo abbiamo introdotto le funzioni che derivano da coniche. In questo paragrafo completeremo l'argomento.

Una funzione del tipo $\quad y = k \pm \sqrt{polinomio\ di\ 1°\,o\,2°\ grado}\quad$ deriva da una conica.

In generale per disegnarla si compiono i seguenti passaggi:

- si isola la radice
- si elevano entrambi i membri al quadrato
- si riconosce la conica
- la si disegna
- si prende la metà indicata (se c'è + davanti alla radice la parte sopra, se c'è – la parte sotto)

Vediamo alcuni esempi e poi riassumeremo quanto osservato; vederemo che c'è la possibilità di semplificare alcuni passaggi.

FD2–Esempi

FD2-1-Parabola

La mezza parabola può essere riconosciuta dal fatto che sotto la radice quadrata c'è un polinomio di primo grado. Infatti solo così elevando al quadrato mancherà il termine di secondo grado in x e quindi si potrà scrivere una equazione del tipo x="polinomio di secondo grado".

Esempio 1

$y = 1 - \sqrt{2 - x}$

Si isola la radice:

$\sqrt{2 - x} = 1 - y$.

Si elevano entrambi i membri al quadrato:

$2 - x = (1 - y)^2$

$-x = 1 - 2y + y^2 - 2$

$x = -y^2 + 2y + 1$

È una parabola il cui vertice è

$y_V = -\dfrac{b}{2a} = \dfrac{-2}{-2} = 1$

$x_V = -1 + 2 + 1 = 2.$

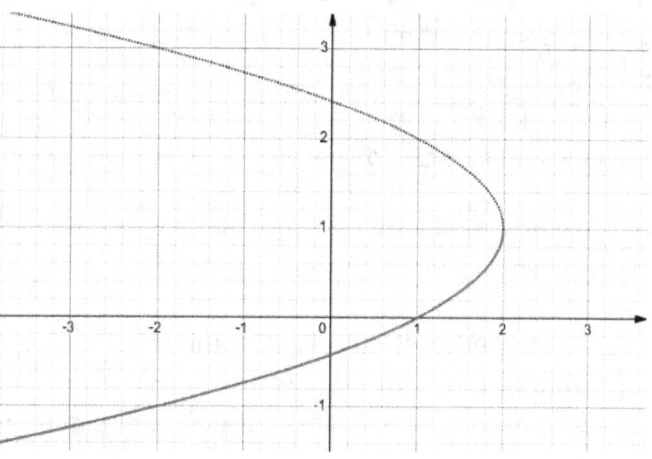

Si prende la metà sotto perché davanti alla radice c'è segno -.

Si osservi che se si calcola il dominio della funzione si ottiene $x \le 2$, che permetterebbe di individuare la x del vertice. Si può osservare che la y del vertice

141

è in corrispondenza al valore che annulla il radicando e pertanto è il numero prima della radice.

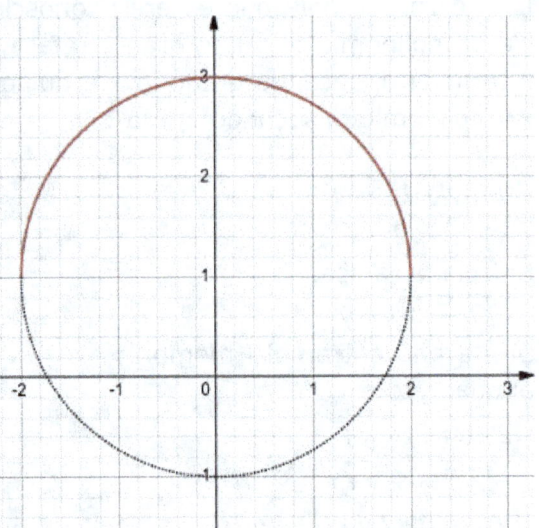

Esempio 2

$$y = 4 + \sqrt{2x+1}$$

Si tratta ancora di una parabola perché sotto la radice c'è un polinomio di primo grado.

Il suo dominio è $\;x \geq -\dfrac{1}{2}\;$.

Così abbiamo anche individuato l'ascissa del vertice $\;x_V = -\dfrac{1}{2}\;$.

L'ordinata del vertice è in corrispondenza del valore che annulla la radice, pertanto $y_V = 4$.
Abbiamo così ottenuto informazioni a sufficienza per disegnare la mezza parabola. Se volessimo essere più precisi nel tracciare a mano la funzione, basterebbe calcolare qualche punto in più a piacere.

FD2-2-Ellisse e circonferenza
Esempio 1

$$y = 1 + \sqrt{4 - x^2}$$

Si isola la radice $\;\sqrt{4 - x^2} = y - 1\;$.

Si elevano entrambi i membri al quadrato:

$$4 - x^2 = (y-1)^2 \qquad x^2 + (y-1)^2 = 4$$

È una circonferenza di centro $(0,1)$ e raggio 2.

Si prende la metà sopra perché davanti alla radice c'è segno +.

Si osservi che se si calcola il dominio della funzione si ottiene $-2 \leq x \leq 2$. Con questo dominio che è limitato si può capire che si tratta di una circonferenza o di una ellisse.

Esempio 2

$$y = 1 + \sqrt{1 - 4x^2}$$

Si isola la radice $\;\sqrt{1 - 4x^2} = y - 1\;$.

Si elevano entrambi i membri al quadrato:

$$1-4x^2=(y-1)^2 \qquad 4x^2+(y-1)^2=1 \qquad \frac{x^2}{\frac{1}{4}}+(y-1)^2=1 \quad .$$

È un'ellisse traslata di $(0,1)$ con semiassi $\quad a=\frac{1}{2}$

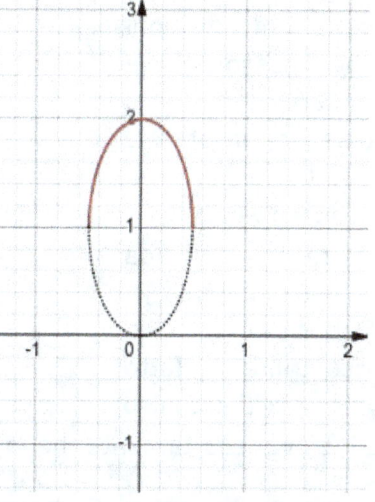

e $b=1$.
Si prende la metà sopra perché davanti alla radice c'è segno $+$.

Si osservi che se si calcola il dominio della funzione

si ottiene $\quad -\frac{1}{2}\leq x \leq \frac{1}{2}\quad$. Con questo dominio che è

limitato si può capire che si tratta di una circonferenza o di una ellisse. Possiamo distinguere l'ellisse dalla circonferenza perché i coefficienti di x^2 e di y^2 sono diversi.

Esempio 3
$$y=\frac{3-\sqrt{5-x^2}}{2}$$

Anche in questo caso si tratta di una conica (non bisogna farsi ingannare da quel denominatore 2). in particolare c'è il coefficiente di x^2 che è negativo, per cui è un'ellisse o una circonferenza.
Si isola la radice $\quad 2y=3-\sqrt{5-x^2} \qquad \sqrt{5-x^2}=3-2y \quad$.
Si elevano entrambi i membri al quadrato:
$$5-x^2=(3-2y)^2 \qquad x^2+9-12y+4y^2=5 \qquad x^2+4y^2-12y+4=0 \quad .$$
Si tratta di un'ellisse traslata. Per individuare la traslazione dobbiamo ricorrere al metodo del completamento al quadrato.
$$x^2+4\left(y^2-3y+\frac{9}{4}-\frac{9}{4}\right)+4=0 \qquad x^2+4\left(y-\frac{3}{2}\right)^2=5$$

Dividendo per 5 otteniamo infatti l'equazione canonica dell'ellisse traslata.

$$\frac{x^2}{5}+\frac{\left(y-\frac{3}{2}\right)^2}{\frac{5}{4}}=1 \text{ che è un'ellisse di centro } \left(0,\frac{3}{2}\right) \text{ e semiassi } a=\sqrt{5} \text{ e}$$

$$b=\frac{\sqrt{5}}{2} \quad .$$

Si prende la metà sotto perché davanti alla radice c'è segno $-$.

Anche in questo caso se si calcola il dominio della funzione si hanno delle informazioni che possono già aiutare nel disegno; si ottiene infatti

$$-\sqrt{5}\leq x\leq\sqrt{5}\ .$$

Partendo da questo dominio si potrebbe ricostruire il fatto che la x del centro

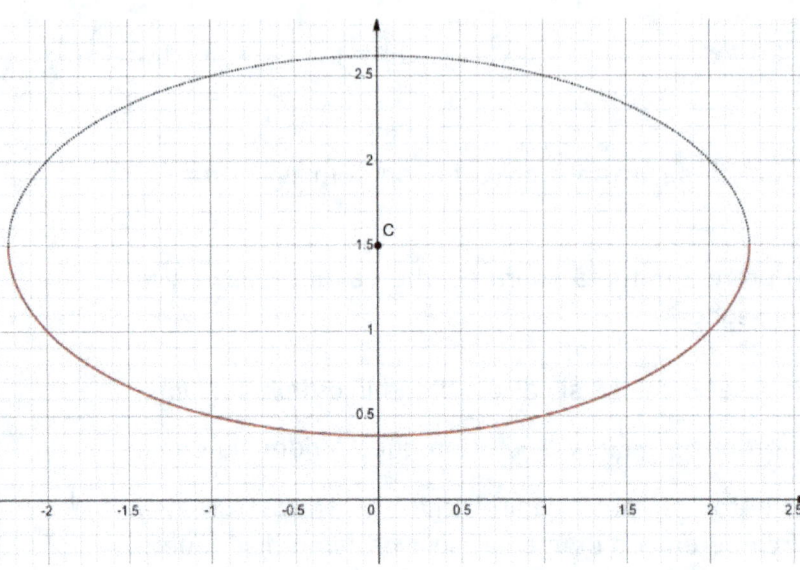

si trova esattamente nella media tra gli estremi del dominio, ovvero $x_C=0$.

Dunque il centro C ha come coordinate $\left(0,\dfrac{3}{2}\right)$, con $\dfrac{3}{2}$ che si ottiene

annullando la radice.

Per trovare il vertice della semiellisse basta calcolare l'immagine di $x_C=0$ per la

funzione $f(0)=\dfrac{3-\sqrt{5-0^2}}{2}=\dfrac{3-\sqrt{5}}{2}=\dfrac{3}{2}-\dfrac{\sqrt{5}}{2}$ che non è altro che l'ordinata del

centro diminuita del valore del semiasse (infatti essendoci il segno – davanti alla radice devo prendere la semiellisse inferiore).

Esempio 4

$$y=-2+\sqrt{x-4x^2}$$

Si tratta di una ellisse o di una circonferenza perché il coefficiente di x^2 è negativo. Inoltre è diverso da -1 per cui non è una circonferenza.

Proviamo a trovare il grafico senza passare dall'elevamento al quadrato.

Calcoliamo dunque il dominio: $x-4x^2\leq0$ che è

$$0\leq x\leq\dfrac{1}{4}\ .$$

La x del centro si trova nella media tra 0 e $\dfrac{1}{4}$

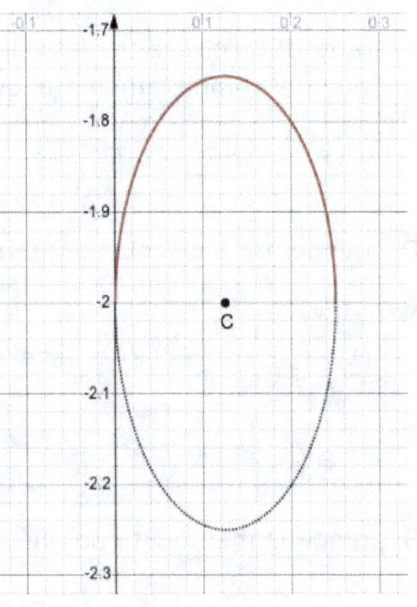

cioè $x_C=\dfrac{1}{8}$. Pertanto le coordinate del centro

sono $\left(\dfrac{1}{8}, -2\right)$, con -2 che si ottiene annullando la radice.

Per trovare il vertice superiore (davanti alla radice c'è segno +: la semiellisse è

quella sopra) calcoliamo $f\left(\dfrac{1}{8}\right) = -2 + \sqrt{\dfrac{1}{8} - 4 \cdot \left(\dfrac{1}{8}\right)^2} = -2 + \dfrac{1}{4} = -\dfrac{7}{4}$, da cui si

deduce che il semiasse verticale misura $\dfrac{1}{4}$.

Per un confronto svolgiamo anche i calcoli passando dalla conica.
Si isola la radice $\sqrt{x - 4x^2} = y + 2$.

Si elevano entrambi i membri al quadrato:

$x - 4x^2 = (y+2)^2 \qquad 4x^2 - x + y^2 + 4y + 4 = 0$

$4\left(x^2 - \dfrac{1}{4}x + \dfrac{1}{64} - \dfrac{1}{64}\right) + y^2 + 4y + 4 = 0$

$4\left(x - \dfrac{1}{8}\right)^2 + (y+2)^2 = \dfrac{1}{16} \qquad 64\left(x - \dfrac{1}{8}\right)^2 + 16(y+2)^2 = 1 \qquad \dfrac{\left(x - \dfrac{1}{8}\right)^2}{\dfrac{1}{64}} + \dfrac{(y+2)^2}{\dfrac{1}{16}} = 1$.

Ritroviamo dunque il centro $\left(\dfrac{1}{8}, -2\right)$ e i semiassi $a = \dfrac{1}{8}$ e $b = \dfrac{1}{4}$.

FD2-3-Iperbole
Esempio 1

$y = 1 + \sqrt{4x^2 - 2x}$

Si isola la radice $\sqrt{4x^2 - 2x} = y - 1$.

Si elevano entrambi i membri al quadrato: $\qquad 4x^2 - 2x = (y-1)^2$

$4x^2 - 2x - (y-1)^2 = 0$

È un'iperbole traslata. Con il completamento al quadrato cerchiamo il centro.

$4\left(x^2 - \dfrac{1}{2}x + \dfrac{1}{16} - \dfrac{1}{16}\right) - (y-1)^2 = 0 \qquad 4\left(x^2 - \dfrac{1}{2}x + \dfrac{1}{16}\right) - (y-1)^2 = \dfrac{1}{4}$

$16\left(x^2 - \dfrac{1}{2}x + \dfrac{1}{16}\right) - 4(y-1)^2 = 1 \qquad \dfrac{\left(x - \dfrac{1}{4}\right)^2}{\dfrac{1}{16}} - \dfrac{(y-1)^2}{\dfrac{1}{4}} = 1$

È un'iperbole di centro $\left(\frac{1}{4}, 1\right)$ con semiassi

$a = \frac{1}{4}$ e $b = \frac{1}{2}$.

I coefficienti angolari degli asintoti sono

$\pm \dfrac{b}{a} = \pm \dfrac{\frac{1}{2}}{\frac{1}{4}} = \pm 2$.

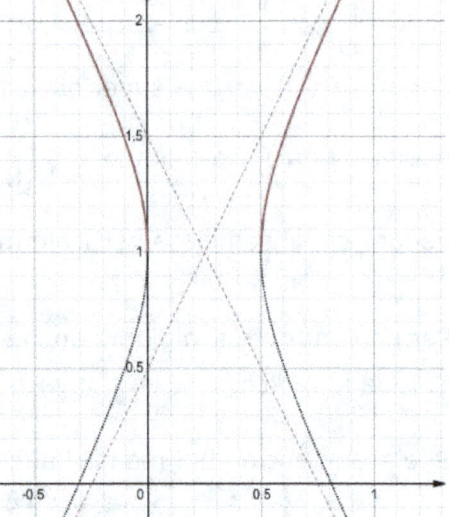

Gli asintoti sono $\quad y - 1 = \pm 2 \left(x - \dfrac{1}{4} \right)$.

Si prende la metà sopra perché davanti alla radice c'è segno +.

Si osservi che se si calcola il dominio della funzione si ottiene:
$4x^2 - 2x \leq 0 \qquad 2x(2x-1) \leq 0.$

Verificato per $\quad x \leq 0 \vee x \geq \dfrac{1}{2}$.

Con questo dominio, verificato per intervalli esterni si può capire che si tratta di un'iperbole con i rami uno a destra e uno a sinistra.

Esempio 2

$\quad y = \dfrac{1 - \sqrt{x^2 + 4}}{4}$.

Calcoliamo prima il dominio, che fornisce un'ottima indicazione per riconoscere la conica. In questo caso il dominio è $\mathbb{R}$. L'unica funzione che deriva da conica e che ha dominio $\mathbb{R}$ è l'iperbole con i rami uno sopra e uno sotto. In questo caso prenderemo il ramo sotto perché davanti alla radice c'è "–".

È necessario svolgere il procedimento per trovare la conica per individuare centro e assi.

Si isola la radice $\quad 1 - \sqrt{x^2 + 4} = 4y \qquad \sqrt{x^2 + 4} = 1 - 4y$.

Si elevano entrambi i membri al quadrato: $\qquad x^2 + 4 = (1 - 4y)^2$

$x^2 - 1 + 8y - 16y^2 = -4$

$x^2 - 16\left(y^2 - \dfrac{1}{2} y \right) = -3 \qquad x^2 - 16\left(y^2 - \dfrac{1}{2} y + \dfrac{1}{16} - \dfrac{1}{16} \right) = -3$

$x^2 - 16\left(y^2 - \dfrac{1}{2} y + \dfrac{1}{16} \right) + 1 = -3$

È un'iperbole traslata. Con il completamento al quadrato cerchiamo il centro.

$$\frac{x^2}{4} - \frac{\left(y - \frac{1}{4}\right)^2}{\frac{1}{4}} = -1$$

È un'iperbole di centro $\left(0, \frac{1}{4}\right)$ con semiassi $a=2$ e $b=\frac{1}{2}$.

I coefficienti angolari degli asintoti sono $\pm\frac{b}{a} = \pm\frac{\frac{1}{2}}{2} = \pm\frac{1}{4}$.

Gli asintoti sono $y - \frac{1}{4} = \pm\frac{1}{4}x$.

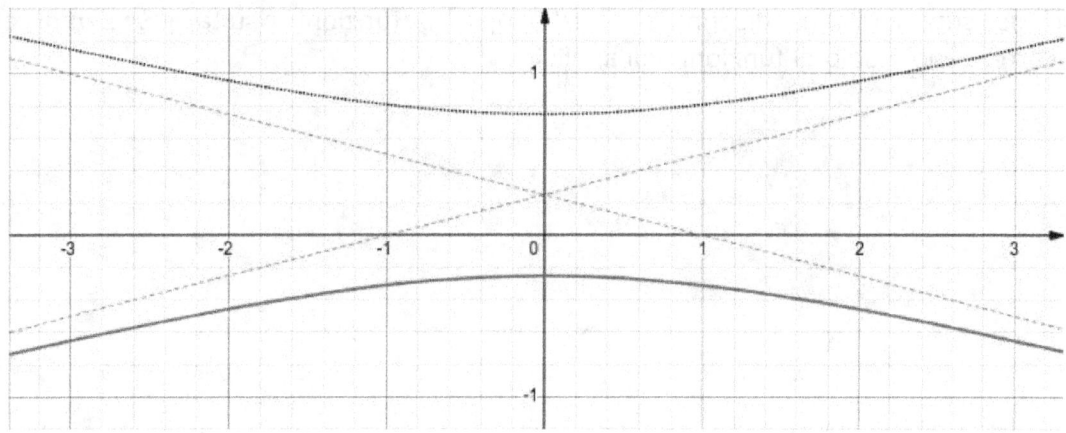

FD3–Riconoscere il tipo di conica

Riassumendo una funzione del tipo $y = k \pm \sqrt{polinomio\ di\ 1°\ o\ 2°\ grado}$ può essere rappresentata graficamente ricordando che si tratta di mezza conica.

Se il radicando è un polinomio di primo grado si tratta di mezza parabola. Senza elevare al quadrato si può individuare il vertice e tramite il calcolo del dominio la posizione del ramo di parabola.

Se il radicando è di secondo grado e il dominio è un intervallo limitato si tratta di una circonferenza o di un'ellisse.

Se il radicando è di secondo grado e il dominio è formato da due intervalli esterni si tratta di un'iperbole con rami a destra e sinistra.

Infine se il radicando è di secondo grado e il dominio è $\mathbb{R}$ si tratta di un'iperbole di cui si prenderà il ramo sopra oppure il ramo sotto.

FD4–Altre funzioni che derivano da coniche

Anche una funzione del tipo

$y = polinomio\ di\ 1°\ grado \pm \sqrt{polinomio\ di\ 1°\ o\ 2°\ grado}$ è una porzione di conica.

Anche in questo caso possiamo compiere i passaggi elencati all'inizio.

Si otterrà un'equazione di secondo grado. Vediamo i passaggi:

$$y = mx + q \pm \sqrt{ax^2 + bx + c}$$
$$y - mx - q = \pm \sqrt{ax^2 + bx + c}$$
$$(y - mx - q)^2 = ax^2 + bx + c$$
$$y^2 + m^2 x^2 + q^2 - 2mxy - 2qy + 2mqx = ax^2 + bx + c$$
$$(m^2 - a) x^2 - 2mxy + y^2 + (2mq - b)x - 2qy - c = 0$$

Un'equazione di secondo grado in due incognite è una conica. Contrariamente a tutte le coniche che abbiamo studiato finora, in questo caso c'è il termine in xy. Significa che si tratta di coniche con gli assi in posizione obliqua. Conoscendo l'angolo di cui è ruotato l'asse (per la parabola) o gli assi (per iperbole e ellisse) potrebbero essere disegnate, ma questa conoscenza esula da un percorso di scuole superiori. Per disegnare questo tipo di funzioni risulta più semplice ricorrere allo studio di funzioni dell'analisi.

Appendice E – Disegni con le funzioni

FE1–Introduzione

I grafici di questo libro sono stati fatti con Desmos.

Desmos permette di costruire dei disegni attraverso i grafici delle funzioni.

È possibile fare delle creazioni veramente affascinanti che potete vedere nel web cercando il concorso di arte matematica internazionale di Desmos.

Di seguito alcuni esempi di grafici svolti dagli studenti dell'istituto Saraceno in questi anni.

Non sono state usate solo funzioni, ma anche curve. Per colorare si deve ricorrere alle disequazioni. Chi è curioso potrà trovare in rete moltissimi esempi e molti tutorial.

Per chi si appassiona a queste creazioni, c'è anche la possibilità di partecipare a un concorso internazionale: cerca nel web "Concorso d'Arte Matematica Internazionale".

FE2–Disegni fatti usando solo rette

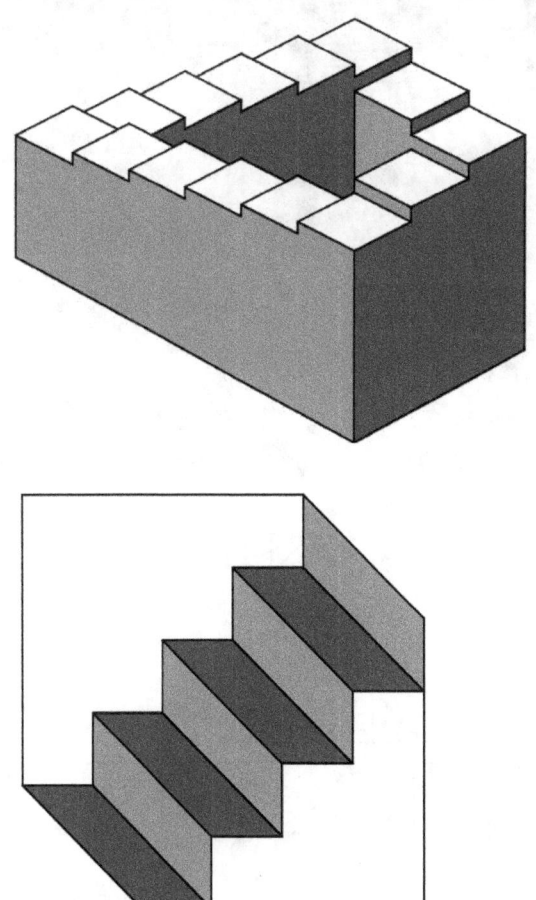

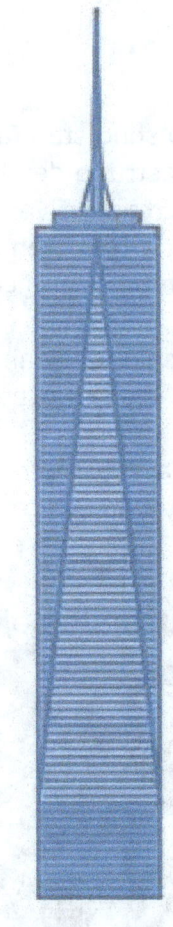

FE3–Altri grafici

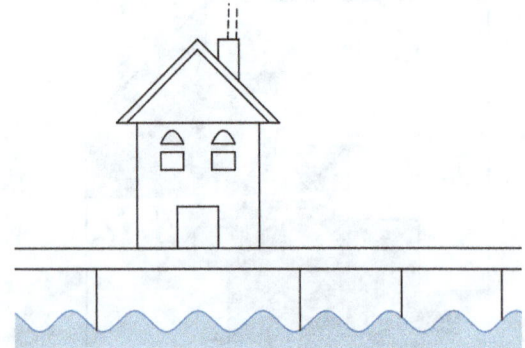

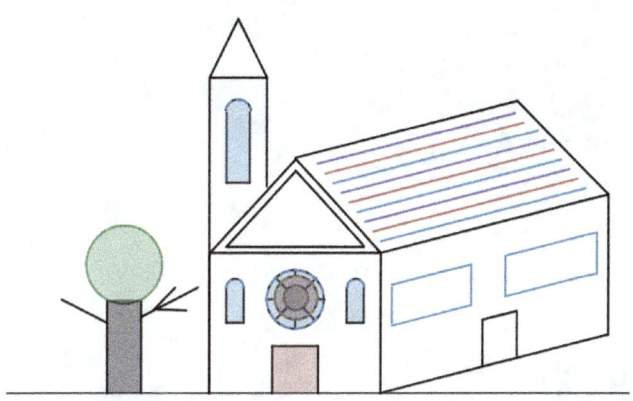

RINGRAZIAMENTI

Mille grazie a Milco per il supporto tecnico e ad Alessandra, primo, e forse unico, lettore dell'intero libro.

www.ingramcontent.com/pod-product-compliance
Lightning Source LLC
Chambersburg PA
CBHW081126170526
45165CB00008B/2560